Serge Lang
Faszination Mathematik

Serge Lang

Faszination Mathematik

Ein Wissenschaftler
stellt sich der Öffentlichkeit

Mit 91 Abbildungen

Friedr. Vieweg & Sohn   Braunschweig/Wiesbaden

Der Text wurde zuerst in französischer Sprache in der „Revue du Palais de la Découverte" veröffentlicht.
Unter dem Titel „Serge Lang, Fait des Maths en Public" erschien er 1984 im Verlag Belin, Paris.
Die vorliegende deutschsprachige Ausgabe ist die autorisierte Übersetzung von „The Beauty of Doing Mathematics", Springer-Verlag New York 1985.
Übersetzung ins Deutsche: Prof. Dr. Günther Eisenreich, Leipzig.

CIP-Titelaufnahme der Deutschen Bibliothek

Lang, Serge:
Faszination Mathematik : e. Wissenschaftler stellt sich d.
Öffentlichkeit / Serge Lang. [Übers. ins Dt.: Günther
Eisenreich]. – Braunschweig ; Wiesbaden : Vieweg, 1989
  Einheitssacht.: Fait des maths en public <dt.>
  ISBN 3-528-08956-3

Umschlagfoto: Inge Hirzebruch
Lektor: Jürgen Weiß
Printed in the German Democratic Republic
Gesamtherstellung: INTERDRUCK Graphischer Großbetrieb Leipzig

ISBN 3-528-08956-3

Vorwort

Vielleicht wären Sie überrascht, wenn jemand behauptete, daß Mathematik etwas ausgesprochen Schönes sei. Doch sollten Sie wissen, daß es Leute gibt, die sich ihr ganzes Leben lang mit Mathematik befassen und dort genauso schöpferisch tätig sind wie ein Komponist in der Musik. Gewöhnlich ist der Mathematiker damit beschäftigt, ein Problem zu lösen, und aus diesem ergeben sich dann wieder neue, ebenso schöne Probleme wie das gerade gelöste. Natürlich sind mathematische Probleme oft recht schwierig und – wie in anderen Wissenschaften auch – nur zu verstehen, wenn man das Gebiet gründlich studiert hat und es gut kennt.

1981 hat mich Jean Brette, der die Mathematikabteilung des Palais de la Découverte (Naturwissenschaftliches Museum) in Paris leitet, eingeladen, dort eine Vorlesung abzuhalten, oder besser gesagt, ein Gespräch mit der Öffentlichkeit zu führen. Niemals zuvor hatte ich vor einem nichtmathematischen Publikum vorgetragen, und somit war dies eine Herausforderung: Würde es mir gelingen, einem solchen Samstagnachmittagsauditorium klarzumachen, was es bedeutet, Mathematik zu betreiben, warum man sich mit Mathematik befaßt? Unter „Mathematik" verstehe ich hier *reine* Mathematik. Das soll jedoch nicht etwa heißen, daß reine Mathematik besser sei als andere Arten von Mathematik; aber ich und eine Reihe anderer betreiben nun mal reine Mathematik, und darum geht es im folgenden.

Viele Menschen haben Vorurteile gegen die Mathematik, die schon vom kleinen Einmaleins herrühren. Der Begriff „Mathematik" wird in sehr verschiedenen Zusammenhängen gebraucht. Zunächst mußte ich diese verschiedenen Zusammenhänge erläutern und insbesondere klarstellen, womit ich mich in meinem Vortrag beschäftigen wollte. Von vielen Anwesenden wurden Fragen zu den unterschiedlichsten Themen gestellt: Zu reiner und angewandter Mathematik, zum Verhältnis von Konkretem und Abstraktem, zum Lehren von Mathematik und zu anderem. Daraus ergab sich ein lebendiger Dialog. Vor allem jedoch lag mir daran, anhand von Beispielen zu zeigen, was reine Mathematik ist, indem ich mit den Zuhörern Mathematik betrieb. Und nicht etwa künstliche oder oberflächliche, sondern wirkliche Mathematik, wie sie von richtigen Mathematikern in der Forschung anerkannt wird.

So ging es darum, geeignete Themen zu finden, die einerseits dem Samstagnachmittagspublikum zugänglich waren, das ich nicht langweilen oder mit Begriffen überschütten konnte, sondern das etwas lernen wollte, ohne besondere mathematische Vorkenntnisse zu haben. Andererseits sollten die von mir gewählten Gegenstände hochmathematisch sein. Sie sollten große ungelöste Probleme verdeutlichen, die gegenwärtig von Mathematikern bearbeitet werden. Neues in der Mathematik zu entdecken, das ist das Wesentliche, was Mathematiker tun. Je mehr sie aber wissen, desto mehr stellen sich ihnen Fragen, die sie nicht beantworten können. Ich konnte dem Publikum nichts vormachen; ich mußte wirkliche Mathematik betreiben.

Das habe ich 1981 erstmals getan. Es klappte so gut, daß ich noch zweimal zurückgekehrt bin, nämlich 1982 und 1983, und jedesmal wählte ich einen anderen Problemkreis. Die ersten beiden waren ziemlich algebraisch: Primzahlen und diophantische Gleichungen. Der dritte dagegen war geometrischer Natur: große Probleme der Geometrie und des Raumes. Die dritte Vorlesung wurde zum wahren Marathonlauf, bei dem einhundert Personen mehr als dreieinhalb Stunden lang ausharrten! Ich hatte niemals erwartet, auf eine solche Resonanz zu stoßen. Durch die Reaktion der Zuhörerschaft war ich außerordentlich beeindruckt, und zwar bei allen drei Vorlesungen, besonders aber dieses letzte Mal.

Ich betone, daß die Zuhörerschaft grundsätzlich nicht aus Mathematikern bestand. Die wenigen anwesenden Mathematiker bat ich, nicht einzugreifen. Das Publikum war sehr unterschiedlich zusammengesetzt; junge Oberschüler, auch Mittelschüler, Pensionäre, Hausfrauen, Ingenieure oder einfach wissensdurstige Leute. Sie nahmen aktiven Anteil und stellten selbst interessante Fragen.

Alle drei Vorlesungen sind voneinander unabhängig. Man braucht sie also nicht in einer bestimmten Reihenfolge zu lesen. Jede bildet für sich ein Ganzes, das Sie unabhängig von den beiden anderen aufnehmen können. Seien Sie deshalb nicht entmutigt, wenn Sie während der Lektüre auf etwas stoßen, das schwierig oder unverdaulich erscheint. Überspringen Sie es, und gehen Sie zum nächsten Absatz weiter oder zur nächsten Seite oder zur nächsten Vorlesung. Selbst innerhalb desselben Kapitels werden Sie sehr wahrscheinlich Dinge finden, die Sie wieder als sinnvoll empfinden oder die Ihnen zusagen und leichter erscheinen. Wenn Sie daran interessiert sind, können Sie später auf jene Teile zurückkommen, die Sie in Verlegenheit gebracht haben. Sie werden überrascht sein, wie oft etwas, das schwierig erschien, plötzlich leicht wird, nachdem man darüber geschlafen hat.

Ein Gutteil des mathematischen Schulstoffes ist sehr trocken, und Sie haben vielleicht niemals das Glück gehabt zu erleben, wie schön Mathematik sein kann. Wenn Sie Oberschüler oder Student sind, werden Sie hier hoffentlich etwas finden, das die von Ihnen belegten oder die Ihnen auferlegten Mathematikkurse ausschmückt.

In diesem Buch werden meine drei Vorlesungen wiedergegeben, die ich in Paris gehalten habe. Um den lebendigen Stil zu bewahren, sind sie so getreu wie möglich von Tonbändern übertragen worden. Ursprünglich wurden sie in der „Revue du Palais de la Découverte" (der Zeitschrift des Naturwissenschaftlichen Museums) veröffentlicht. Ich bin J. Brette für seine Ermutigung, für seine Zusammenarbeit beim Übertragen der Bänder und für die Zeichnungen und Figuren, die von ihm stammen, sehr dankbar. Andere Leute waren der Meinung, alle drei Vorlesungen sollten in einem Buch zusammen veröffentlicht werden. Ich danke dem Verlag Teubner, Leipzig, und dem Verlag Vieweg, Wiesbaden, für die Publikation der deutschen Ausgabe, die nach der französischen und der englischsprachigen nun erschienen ist. Abschließend danke ich auch dem Palais de la Découverte für die gute Zusammenarbeit. Alle Beteiligten haben dazu beigetragen, so weit wie möglich die Spontaneität der ursprünglichen Gespräche und den Rahmen, in dem sie stattgefunden haben, zu bewahren.

SERGE LANG

Wer ist Serge Lang?

(Autobiographische Notiz)

Serge Lang wurde 1927 in Paris geboren. Bis zur achten Klasse ging er in einem Pariser Vorort, wo er auch wohnte, zur Schule. Danach siedelte er in die USA über. In Kalifornien besuchte er noch zwei Jahre die höhere Schule und begann dann sein Studium am California Institute of Technology (Caltech), das er 1946 mit dem Bachelor of Science abschloß. Nach anderthalb Jahren im amerikanischen Militärdienst ging er nach Princeton. Zuerst verbrachte er ein Jahr am Philosophischen Institut der Universität. Dann wechselte er zur Mathematik über und promovierte im Jahre 1951. Er lehrte an der Universität Princeton und arbeitete ein Jahr am Institute for Advanced Study, das ebenfalls in Princeton ist.

Nun begann seine eigentliche akademische Laufbahn: 1953–1955 Dozent an der Universität von Chicago, 1955–1970 Professor an der Columbia University in New York; während dieser Zeit war er ein Jahr (1958) als Fulbright Stipendiat in Paris.

1970 verließ er die Columbia University, war zunächst Gastprofessor in Princeton (1970–1971) und Harvard (1971–1972), bevor er 1972 Professor an der Yale University im Staate Connecticut wurde, wo er noch heute lehrt.

Neben der Mathematik liebt er vor allem die Musik. Zu verschiedenen Zeiten seines Lebens spielte er selbst Klavier und Laute.

Von 1966–1969 engagierte sich Serge Lang im gesellschaftlichen und politischen Bereich. Es war dies eine Zeit vielfältiger Probleme für die USA, welche die amerikanischen Universitäten stark berührten. Er setzte sich auch mit Problemen der Finanzierung der Universitäten auseinander und sah ihre intellektuelle Freiheit von politischen und bürokratischen Eingriffen bedroht. Wie er zu sagen pflegt, sind solche Probleme invariant unter „ismus"-Transformationen: Sozialismus, Kommunismus, Kapitalismus oder irgendeinem anderen – ismus.

Sein Hauptinteresse gilt jedoch seit jeher der Mathematik. Er hat 32 Bücher und mehr als 70 wissenschaftliche Artikel veröffentlicht. In den USA erhielt er den Cole-Preis und in Frankreich den Prix Carrière.

Inhalt

Womit beschäftigt sich ein reiner Mathematiker und warum?

Primzahlen

16. Mai 1981

Zusammenfassung: *Die Vorlesung begann zehn Minuten lang mit dem „Warum". Ich beschäftige mich mit Mathematik, weil ich sie liebe. Wir diskutierten kurz über den Unterschied zwischen reiner und angewandter Mathematik, die sich in Wirklichkeit so vermengen, daß es unmöglich ist, zwischen der einen und der anderen eine scharfe Grenze zu ziehen, und sprachen anschließend über die ästhetische Seite der Mathematik. Dann betrieben wir zusammen Mathematik. Ich begann mit der Definition der Primzahlen und erinnerte an Euklids Beweis dafür, daß es deren unendlich viele gibt. Danach definierte ich Primzahlzwillinge wie (3, 5), (5, 7), (11, 13), (17, 19) usw., die sich um 2 unterscheiden. Gibt es unendlich viele davon? Niemand weiß es, jedoch wird vermutet, daß die Antwort „Ja" lautet. Ich gab heuristische Argumente zur Beschreibung der erwarteten Dichte solcher Primzahlen an. Warum versuchen Sie nicht, das zu beweisen? Diese Frage stellt eines der großen ungelösten Probleme der Mathematik dar.*

Fast jeden Sonnabend, von Oktober bis Juni, lädt das Palais de la Découverte (Naturwissenschaftliches Museum in Paris) die Öffentlichkeit ein und präsentiert ihr hervorragende Vortragende der verschiedensten Disziplinen.

So war es uns eine Ehre, Professor Serge Lang, einen international renommierten Mathematiker, während seines kurzen Aufenthaltes in Paris willkommen heißen zu können. Er ist Verfasser von über 27 Mathematikbüchern, die sowohl der Lehre als auch der Forschung gewidmet sind. Als ich Serge Lang einlud, kannte ich ihn bereits dem Namen nach und auch durch einige seiner Werke. Daher hatte ich wegen einer rein mathematischen Veranstaltung keine Bedenken.

Eine Sorge blieb indessen: würde er ein guter Vortragender sein? Würde er wissen, wie er sich einem großen nichtmathematischen Publikum gegenüber zu verhalten hat? Als ich ihm kurz vor seinem Vortrag in einem Café diese Gedanken mitteilte, sagte er zu mir, daß ein guter Lehrer nicht nur ein Spezialist seines Fachs, sondern auch ein Schauspieler ist, der auf die Reaktionen des Publikums empfindsam reagiert. Er erklärte mir auch, sehr glücklich darüber zu sein, diese für ihn neue Erfahrung machen zu können: mit Leuten, die nicht Studenten sind, zu sprechen, mit ihnen Mathematik zu betreiben und ihnen auf diese Weise zu zeigen, was Mathematik ist.

„Und", fügte er lachend hinzu, „Sie werden sehen, was passiert!" Ich habe es gesehen! Die Veranstaltung war ein Erfolg! Natürlich überraschte es die Leute, zur aktiven Teilnahme aufgefordert zu werden und nicht bloß zuzuhören; nach ein paar Minuten jedoch nahm Serge Langs Begeisterung von ihnen Besitz, und der Dialog ging los.

Es blieb noch die Frage der Veröffentlichung. Statt einer technisch ausgefeilten Version schien es besser, den ganzen Vortrag und auch alle Fragen zu publizieren, von kleineren Änderungen abgesehen. In der Tat schien es mir nützlich, neben dem eigentlichen mathematischen Inhalt so weit wie möglich die dynamische Seite dieser Vorlesung zu bewahren, die Lebendigkeit des Dialogs, und warum nicht auch die schauspielerische Leistung. Weder die an jenem Tag Anwesenden noch die Pädagogen werden daran Anstoß nehmen.

So habe ich Serge Lang eine erste Version geschickt, die nach den von der Vorlesung angefertigten Tonbändern geschrieben worden war. Da er sehr sorgfältig und um Präzision bemüht ist (was auch einen seiner persönlichen Wesenszüge bildet), hat Serge Lang nicht nur die Richtigkeit geprüft, sondern den gesamten Text neu geschrieben. Bei dieser Gelegenheit mußte er sich mit unseren Computerterminals vertraut machen, den einzigen, die ein amerikanisches Tastenfeld hatten. So kam er zu uns eine Woche lang, jeden Tag; gegenüber gewissen Änderungen konziliant, dagegen kompromißlos, so weit es den Stil betraf, indem er die geeignetsten Worte wählte und ein paar Dinge hinzufügte, insbesondere über die Riemannsche Vermutung sowie eine kurze Bibliographie zu jenen Gegenständen, die diskutiert worden sind.

Jean Brette
Verantwortlich für die Mathematikabteilung des Palais de la Découverte

Die Vorlesung

Nun, ich denke, ich spreche erst mal zehn Minuten lang über die Sache im allgemeinen, und danach wollen wir versuchen, zusammen Mathematik zu betreiben. Wie der Titel sagt, wird es darum gehen: „Womit beschäftigt sich ein reiner Mathematiker und warum?"

Es ist sehr schwierig, das „Warum" allgemein zu erklären und auch noch allgemein zu sagen, was wir tun. Beispielsweise ist „Mathematik" ein Wort, das für eine Menge von Aktivitäten benutzt wird, die nicht viel miteinander zu tun haben. Ich bin mir sicher, daß das Wort für verschiedene Leute ganz unterschiedliche Bedeutung hat. Beispielsweise für Sie, meine Dame *[Serge Lang zeigt auf eine Zuhörerin]*, was bedeutet für Sie „Mathematik"?

Dame. Abstraktion von Zahlen, Umgang mit Zahlen.

Serge Lang. In Wahrheit kann man Mathematik betreiben, ohne überhaupt Zahlen zu benutzen, beispielsweise in der Geometrie, der Mathematik des Raumes. Ich werde zwar demnächst Zahlen verwenden, um Ihnen ein Beispiel von Mathematik zu geben, aber in einem Zusammenhang, der, wie ich denke, von dem verschieden sein wird, welchen Sie im Auge haben. Und Sie, mein Herr, was bedeutet „Mathematik" für Sie?

Herr. Umgang mit Strukturen.

Serge Lang. Ja, aber mit welchen? Es gibt viele Strukturen, die nicht mathematischer Art sind. Mathematik ist nicht nur eine Frage von Strukturen, und nicht nur die Mathematik hat es mit Strukturen zu tun. Beispielsweise muß man sich auch mit gewissen Strukturen beschäftigen, wenn man Physik betreibt. In der Tat wird das Wort „Mathematik" in vielen verschiedenen Zusammenhängen verwendet. Es gibt Mathematik, wie sie an der Grundschule oder an höheren Schulen betrieben wird. Es gibt Computermathematik, angewendet auf Kommunikationsprobleme. Wenn Sie sich mit Physik oder Chemie beschäftigen, benutzen Sie die Mathematik, um die empirische Welt zu beschreiben. Aber das, worüber ich heute sprechen will, ist die „reine Mathematik", diejenige, die von einem rein ästhetischen Standpunkt aus betrieben wird. Mathematik in dieser Weise zu betreiben, ist etwas ganz anderes, als die empirische Welt zu untersuchen, sie mit Hilfe von empirischen Modellen zu beschreiben oder zu klassifizieren. Ein Experimentalwissenschaftler trifft unter vielen möglichen Modellen eine Wahl, um diejenigen herauszufinden, welche auf die empirische Welt passen, auf die Welt der Experimente, und er versucht auf diese Weise, ein Weltsystem zu finden. Es gibt eine Menge an reiner Mathematik, die beim Untersuchen der empirischen Welt nicht genutzt und nur um ihrer Schönheit willen betrachtet wird. Das ist seit Jahrtausenden so, seit es Zivilisationen gibt, wie etwa die arabische oder die indische. Auch die Griechen haben Mathematik allein um ihrer Schönheit willen betrieben.[1]

Es ist wahr, daß die Quelle gewisser Bereiche der Mathematik in der empirischen Welt liegt, aber es gibt auch einen großen Teil der Mathematik, der von solchen Quellen unabhängig ist. Dieser Gesichtspunkt ist von anderen Mathematikern ausgesprochen worden, und ich möchte Ihnen etwas vorlesen, was von anderen Mathematikern dazu schon geschrieben worden ist, zum Beispiel über den Zusammenhang zwischen dem Betreiben von Mathematik und der angewandten Mathematik.

Jacobi, ein Mathematiker des 19. Jahrhunderts, hat in einem Brief an Legendre geschrieben:[2]

„Ich habe mit Vergnügen den Bericht von Herrn Poisson über mein Werk gelesen, und ich glaube, darüber sehr befriedigt sein zu können …, aber Herr Poisson hätte nicht einen ziemlich unpassenden Satz von Herrn Fourier wiedergeben sollen, in dem letzterer uns, Abel und mir, Vorwürfe macht, uns nicht vorzugsweise mit der Wärmeströmung beschäftigt zu haben. Es ist wahr, daß Herr Fourier der Meinung war, das Hauptziel der Mathematik sei der öffentliche Nutzen und die Erklärung der Naturerscheinungen. Ein Philosoph wie er sollte wissen, daß das einzige Ziel der Wissenschaft die Ehre des menschlichen Geistes und in diesem Sinne ein zahlentheoretisches Problem gleichwertig zu einer Frage über das Weltsystem ist."

In einem Artikel, der in der von F. Le Lionnais herausgegebenen Sammlung „Les grands Courants de la Pensée Mathématique" 1948 erschienen ist, hat André Weil (einer der großen Mathematiker dieses Jahrhunderts) Jacobi in folgendem Zusammenhang zitiert:

„Aber wenn wir wie Panurg dem Orakel zu indiskrete Fragen stellen, so wird uns das Orakel wie Panurg gegenüber antworten: ‚Trink!' Ein Rat, den der Mathematiker nur zu gern befolgt, zufrieden, seinen Durst an den Quellen des Wissens selbst zu stillen, zufrieden, daß diese Quellen immer so rein und reichhaltig hervorsprudeln, während andere Zuflucht bei den schlammigen Bächen einer schmutzigen Wirklichkeit suchen müssen. Daß er, wenn man ihm den Vorwurf seines stolzen Verhaltens macht, wenn man ihn auffordert, sich zu engagieren, wenn man fragt, weshalb er auf diesen hohen Eisbergen beharrt, wo nur seine Zunftgenossen ihm zu folgen vermögen, mit

---

[1] Womit nicht ausgeschlossen werden soll, daß sie auch Mathematik gemacht haben, die praktische Anwendungen hat. Jedermann stimmt darin überein, Physik, Chemie, Biologie unter der allgemeinen Überschrift „Naturwissenschaften" laufen zu lassen. Zu entscheiden, ob „reine Mathematik", wie ich sie beschrieben habe, gleichfalls in diese Rubrik gehört, ist eine Frage der Terminologie, mit der ich mich jetzt nicht befassen will.

[2] Ohne Datum, abgestempelt am 2. Juli 1830, *C. G. J. Jacobi's Gesammelte Werke*, Erster Band. Berlin: G. Reimer 1881, 454.

Jacobi antwortet: ‚Um der Ehre des menschlichen Geistes willen!'"[3]

Wohlan, das ist Literatur. Es ist auch ein pompöser Stil, der Jacobis Gedanken nicht genau wiedergibt. Sich auf andere zu beziehen, die „ihre Zuflucht bei den schlammigen Bächen einer schmutzigen Wirklichkeit suchen müssen", ist nicht genau dasselbe wie zu sagen, daß „ein zahlentheoretisches Problem einer Frage gleichwertig ist, die das Weltsystem betrifft". Weil hat an anderer Stelle seine eigenen Gründe, Mathematik zu betreiben, anders beschrieben. In einem in „Pour la Science" (der französischen Ausgabe der Zeitschrift „Scientific American") im November 1979 veröffentlichten Interview sagt er:

> „Nach Plutarch ist es ein hohes Ideal zu arbeiten, um seinen Namen unsterblich zu machen. Schon als ich jung war, hoffte ich, daß mein Werk in der Geschichte der Mathematik einen gewissen Platz einnehmen werde. Ist das etwa nicht ein Motiv, ebenso nobel, wie zu versuchen, einen Nobelpreis zu bekommen?"[4]

Es geht also nicht nur um die Ehre des menschlichen Geistes, sondern auch um die Ehre des eigenen Geistes. Ich denke, daß man deshalb Mathematik macht, weil man es gern tut, und natürlich auch, weil man, hat man dazu Talent, zu etwas anderem vielleicht weniger Talent besitzt. Ich füge hinzu, daß ich auch deshalb Mathematik betreibe, weil sie schwer ist und eine sehr schöne Herausforderung an den Geist darstellt. Ich betreibe Mathematik, um mir selbst zu beweisen, daß ich fähig bin, mich dieser Herausforderung zu stellen und sie zu gewinnen.

Deshalb beschäftigt man sich mit Mathematik, aber dies bedeutet nicht, daß man unzufrieden sei, wenn die Mathematik, die man macht, wertvoll genug ist, um in die Geschichtsbücher einzugehen. Natürlich sind alle Mathematiker, die ich kenne, sehr zufrieden, wenn sie auf solch hohem Niveau mathematisch arbeiten können. Sie sind von den möglichen Ehren angetan, die ihnen hierdurch zuteil werden kön-

---

[3] Das Original ist in Französisch, sogar in sehr literarischem Französisch:
„Mais si, comme Panurge, nous posons à l'oracle des questions trop indiscrètes, l'oracle nous réponda comme à Panurge: Trinck! Conseil auquel le mathématicien obéit volontiers, satisfait qu'il est de croire étancher sa soif aux sources mêmes du savoir, satisfait qu'elles jaillissent toujours aussi pures et abondantes, alors que d'autres doivent recourir aux ruisseaux boueux d'une actualité sordide. Que si on lui fait reproche de la superbe de son attitude, si on le somme de s'engager, si on demande pourquoi il s'obstine en ces hauts glaciers où nul que ses congénères ne peut le suivre, il répond avec Jacobi: ‚Pour l'honneur de l'esprit humain!'"
[4] In einer Konferenz auf dem Internationalen Mathematikerkongreß in Helsinki 1978, abgedruckt in seinen *Collected Works* Vol. III, hat Weil bereits dieses Thema berührt: „Daß die Menschheit durch die Aussicht auf ewigen Ruhm zu immer höheren Leistungen angespornt werden möge, ist natürlich ein klassisches Thema, das wir von der Antike übernommen haben. Es scheint uns weniger zu beeindrucken als unsere Vorfahren, obgleich es vielleicht nicht ganz seine Kraft verloren hat."

nen, und sie sind glücklich, ihren Namen in der Mathematik zu hinterlassen. Aber ich würde nicht sagen, daß sie speziell zu diesem Zweck Mathematik betreiben, daß sie sich nur deshalb der Mathematik hingeben, sei sie nun rein oder angewandt.

Wenn ich Sie fragte, was Musik für Sie bedeutet, würden Sie da antworten: „Umgang mit Noten"? Wenn man reine Mathematik betreibt, ist das etwas ganz anderes, als sie zu „handhaben". Um hinter die Gründe zu kommen, aus denen heraus jemand unter ästhetischen Gesichtspunkten Mathematik betreibt, muß ich Ihnen ein Beispiel geben. Will ich Ihnen aber zeigen, was Mathematik ist, und Sie sind nicht selbst Mathematiker, dann habe ich Schwierigkeiten, die jenen ähneln, die ich haben würde, wollte ich einem Japaner oder Inder, der nie mit europäischer Kultur Kontakt gehabt hatte, erklären, was eine Beethoven-Sinfonie oder eine Ballade von Chopin ist. Wenn Sie irgendjemanden nehmen, dem unsere Kultur vollkommen fremd und der obendrein taub ist, wie können Sie dann erreichen, daß er versteht, was eine Beethoven-Sinfonie oder eine Chopinsche Ballade ist? Selbst wenn er nicht taub ist und zuhören kann, ist dies noch fast unmöglich, wenn er mit der europäischen Kultur keine Verbindung hat, wenn er diese Stücke nicht mehrere Male hören konnte. Unsere Musik ist von der Japans oder Indiens zu verschieden; sie wird auf anderen Instrumenten gespielt, mit anderen Orchestrierungen, mit anderen Rhythmen usw. So bereitet es große Schwierigkeiten, jemandem klarzumachen, worum es überhaupt geht. Umgekehrt finden hier in Paris nicht so oft Koto- oder Sitar-Konzerte statt, und außerdem wirken sie bei uns nur auf relativ wenige Menschen.

Darüber hinaus gibt es eine Schwierigkeit, der man in allen ästhetischen Bereichen begegnet: eine Sache liebt man und eine andere nicht. Es gibt Leute, die lieben Brahms, jedoch nicht Bach; andere lieben Bach und nicht Chopin, oder Chopin und nicht Dowland (einen englischen Komponisten von Lautestücken und Liedern zur Laute; Zeitgenosse Shakespeares).

Wie soll man jemandem klarmachen, was ein Lied von Dowland oder eine Chopinsche Ballade ist, ohne sie ihm vorzuspielen? Das ist unmöglich! Doch es ist viel leichter, Ihnen ein Musikstück zu Gehör zu bringen, als Sie selbst Mathematik betreiben zu lassen, weil man beim Anhören von Musik lediglich eine passive Rolle spielt. Sie werden von der musikalischen Ästhetik in Bann gezogen und überlassen dem Komponisten oder auch dem Interpreten den aktiven Teil. Mathematik machen zu können erfordert dagegen einen viel höheren Grad von Konzentration und persönlichen Einsatz. Außerdem muß ich, um Sie Mathematik machen zu lassen, einen Gegenstand aussuchen, der hinreichend tiefgründig ist, der ein reales Objekt der Mathematik darstellt und als solches auch von den Mathematikern anerkannt wird. Ich darf dabei nicht mogeln und muß die Sache trotzdem mit für jedermann verständlichen Worten erklären. Es gibt nur sehr wenige solche Gegenstände, und da ich eine Wahl treffen muß, wird sie vielleicht manchen zusagen, anderen nicht.

Mein Gegenstand muß hinreichend tiefgründig sein, um Ihnen verständlich zu machen, warum manche ihr ganzes Leben hindurch Mathematik treiben wollen und möglicherweise Frau, Ehemann, Kinder oder Gott weiß was vernachlässigen. Bei dieser Gelegenheit möchte ich Ihnen zwei Sätze aus einem Brief von Legendre an Jacobi[5] vorlesen, der – schon im fortgeschrittenen Alter – gerade geheiratet hatte:

> „Ich gratuliere Ihnen dazu, eine junge Frau gefunden zu haben, mit der Euer Glück zu machen Ihr Euch nach ziemlich langer Erfahrung entschieden habt. Ihr wart in einem zum Heiraten passenden Alter. Ein Mann, der dazu bestimmt ist, viel Zeit zur Arbeit in seinem Studierzimmer zu verbringen, braucht eine Gefährtin, die alle Kleinigkeiten des Haushalts erledigt und ihren Gatten vor all den kleinen Alltäglichkeiten bewahrt, die ein Mann nicht zu bewältigen vermag."

Dies hat einen komischen Beigeschmack, besonders in unserem „emanzipierten" Zeitalter.

Nun gut, ich habe jetzt etwa zehn Minuten lang allgemein zum Thema gesprochen, das reicht. Nun wollen wir Mathematik treiben. In der Wahl meines Gegenstands bin ich sehr eingeschränkt, und es war fast unumgänglich, einen Bereich zu wählen, der mit Zahlen zu tun hat. Mir geht es um die Primzahlen.

Wer hat schon von Primzahlen gehört? *[Verschiedenerlei Reaktionen und Antworten in der Zuhörerschaft.]* Fast jeder oder niemand? Heben Sie die Hand! Wer hat noch nie etwas von Primzahlen gehört? *[Fast jeder in der Zuhörerschaft hat von Primzahlen gehört und weiß auch einigermaßen, was das Wort bedeutet.]* Zum Beispiel Sie, meine Dame, was sind Primzahlen?

Dame. 1, 3, 5, 7, ...

Serge Lang. Nein! Das sind die ungeraden Zahlen. Ich meine die Primzahlen, d. h. 2, 3, 5, 7, 11, 13. Was ist die nächste?

Dame. 17, 19, ...

Serge Lang. Sehr gut, Sie haben verstanden, was eine Primzahl ist.

Dame. Ich habe die 2 vergessen.

Serge Lang. Ja, Sie haben recht, ich habe Sie mißverstanden. Aber es ist eine allgemeine Übereinkunft, 1 nicht zu den Primzahlen zu rechnen. Folglich ist eine Zahl dann Primzahl, wenn sie mindestens gleich 2 und nur durch sich selbst und durch 1 teilbar ist.

Die Zahl 4 ist nicht prim, denn $4 = 2 \times 2$;

die Zahl 6 ist nicht prim, denn $6 = 2 \times 3$;

die Zahl 8 ist nicht prim, denn $8 = 2 \times 4$;

die Zahl 9 ist nicht prim, denn $9 = 3 \times 3$.

Und so weiter. Was die Primzahlen betrifft, so haben wir sie bis 19 aufgelistet. Es folgen 23, 29, 31, 37, ...

---

[5] Geschrieben am 30. Juni 1832, loc. cit. S. 460.

Nun stellt sich aber eine Frage: Gibt es unendlich viele Primzahlen oder nur endlich viele?

Dame. Ja, unendlich viele.

Serge Lang. Sehr gut. Wie beweisen Sie das?

Dame. Ich weiß nicht.

Serge Lang *[auf einen jungen Mann zeigend].* Sie, wissen Sie, wie das zu beweisen ist?

Junger Mann. Mathematiker haben Millionen von ihnen gefunden.

Serge Lang. Nein, ich spreche nicht davon, Millionen von ihnen zu finden, es geht vielmehr darum zu beweisen, daß die Folge der Primzahlen nicht abbricht.

[Schallender Lärm in der Zuhörerschaft; von einigen Leuten werden verschiedene Beweise vorgeschlagen.]

Serge Lang. Sie sind Mathematiker? Ja? Gut, ich bitte die Mathematiker unter den Zuhörern, nichts zu sagen. Ich spreche nicht für sie. *[Gelächter.]* Anderenfalls ist es Betrug.

Ich habe gesagt, es gibt unendlich viele Primzahlen. Dies bedeutet, daß die Folge der Primzahlen nicht abbricht. Und ich will das gleich beweisen mit einem sehr einfachen und sehr alten Beweis, der auf Euklid zurückgeht. Die Griechen sind folgendermaßen vorgegangen.

Beginnen wir mit einer Bemerkung: Wenn man eine ganze Zahl nimmt, z. B. 38, die sich als 2×19 schreiben läßt, so ist 38 das Produkt der beiden Primzahlen 2 und 19. Nehme ich 144, dann kann ich

$$144 = 12 \times 12 = 3 \cdot 4 \cdot 3 \cdot 4 = 3 \cdot 2 \cdot 2 \cdot 3 \cdot 2 \cdot 2$$

schreiben. Wieder ist es ein Produkt von Primzahlen, wobei ich einige von ihnen mehrmals verwendet habe. In jedem Falle läßt sich eine ganze Zahl stets als ein Produkt von Primzahlen ausdrücken. Gebe ich mir nämlich eine Zahl N größer als 2 vor, so ist N entweder prim oder N kann als Produkt zweier kleinerer Zahlen dargestellt werden. Auch jede dieser kleineren Zahlen ist entweder prim oder kann als Produkt noch kleinerer Zahlen ausgedrückt werden. Setzt man diesen Prozeß fort, dann gelangt man stets zu Primzahlen.

Nun kommen wir zum Beweis der Griechen dafür, daß es unendlich viele Primzahlen gibt. Wir sollen folgendes zeigen: Wird eine Liste der Primzahlen von 2 bis P aufgestellt:

$$2, 3, 5, 7, 11, 13, 17, \ldots, P,$$

so können wir stets eine weitere Primzahl finden, welche nicht in dieser Liste steht. Dabei gehen wir folgendermaßen vor. Ich bilde das Produkt aller Primzahlen unserer Liste. Das liefert mir eine gewisse Zahl, zu der ich 1 addiere, und N sei diese neue Zahl. Wir haben somit

$$N = (2 \cdot 3 \cdot 5 \cdot \ldots \cdot P) + 1.$$

Sehr geehrter Leser,

diese Karte entnahmen Sie einem Vieweg-Buch.

Als Verlag mit einem internationalen Buch- und Zeitschriftenprogramm informiert Sie Vieweg gern regelmäßig über wichtige Veröffentlichungen auf den Sie interessierenden Gebieten. Deshalb bitten wir Sie, uns diese Karte ausgefüllt zurückzusenden.

Wir speichern Ihre Daten und halten das Bundesdatenschutzgesetz ein.

Wenn Sie Anregungen haben, schreiben Sie uns bitte.

Bitte nennen Sie uns hier Ihre Buchhandlung:

Friedr. Vieweg & Sohn
Verlagsgesellschaft mbH
Postfach 58 29

D-6200 Wiesbaden 1

Herrn/Frau/Fräulein

Bitte füllen Sie
den Absender
mit der Schreib-
maschine oder in
Druckschrift aus,
da es für unsere
Adressenkartei
verwendet wird.
Danke!

_____

_____

_____

Ich bin:

□ Lehrstuhlinhaber   □ Lehrer
□ Dozent   □ Praktiker
□ Wiss. Mitarb.   □ Student (V 3)
□ Sonst: . . . .

an der:

□ Uni   □ FH
□ PH   □ FS
□ TH   □ Bibl./Inst.
□ Sonst: . . . .

Bitte informieren Sie mich über Ihre Neuerscheinungen auf dem Gebiet:

□ Mathematik   □ Maschinenbau
□ Mathematik-Didaktik   □ Elektrotechnik/Elektronik
□ Informatik/DV   □ Medizin
□ Mikrocomputer-Literatur   □ Bauwesen
□ Physik   □ Architektur
□ Chemie   □ Philosophie/Wissenschaftstheorie
□ Biowissenschaften   □ Sozialwissenschaften
Spezialgebiet: . . . .

Ich möchte zugleich folgende Bücher bestellen:

Anzahl	Autor und Titel	Ladenpreis

Datum   Unterschrift

Dann ist N entweder eine Primzahl oder nicht. Wenn N Primzahl ist, so stimmt sie mit keiner der von 2 bis P aufgelisteten überein, d. h., wir haben eine neue Primzahl konstruiert. Ist N nicht Primzahl, dann können wir N als Produkt von Primzahlen ausdrücken. Insbesondere läßt sich $N = qN'$ schreiben, wobei q eine Primzahl ist, die N teilt. Kann q gleich einer der Primzahlen von 2 bis P sein?

Leute in der Zuhörerschaft. Es ist eine neue.

Serge Lang. Warum? Greifen wir jemanden heraus! Sie, der junge Mann da oben.

Junger Mann. Für alle anderen geht die Division nicht auf.

Serge Lang. Richtig, wenn wir N durch q teilen, dann gibt es keinen Rest; teilen wir N aber durch eine der Primzahlen zwischen 2 und P, bleibt der Rest 1. Wir haben also eine neue Primzahl entdeckt, die nicht in unserer Liste stand. Dies bedeutet, daß man keine endliche Liste aller Primzahlen aufstellen kann. Damit ist der Beweis erbracht.

Wie sind nun die Primzahlen unter allen Zahlen verteilt? Gibt es eine gewisse Regel, die uns sagt, wie viele existieren? Wie sind sie unter allen ganzen Zahlen verteilt?

Ein Herr. Es gibt Millionen von Primzahlen.

Serge Lang. Sicher, es gibt auch Milliarden, aber das ist nicht die Frage, die ich gestellt habe. Zum Beispiel, wie viele Primzahlen sind kleiner als 10 000, näherungsweise? Können Sie das beantworten?

Jemand. Sie können sie zählen.

Serge Lang. Das schon, aber wenn ich sagte, bis zu 1 000 000 oder bis zu einer beliebigen Zahl x? Stellen wir die Frage anders: Gibt es eine Formel, die uns die Anzahl der Primzahlen kleiner als x angibt? Wer sagt „Ja"? Eine Näherungsformel. *[Zögern in der Zuhörerschaft, verschiedene Kommentare gleichzeitig.]* Gut, die Sache ist kompliziert. Ich hätte die Primzahlen genauer beschreiben sollen. Im Moment will ich nicht näher darauf eingehen. Ich werde erst einmal andere Fragen über Primzahlen stellen, insbesondere über die sogenannten Primzahlzwillinge. Beispielsweise:

3 und 5 differieren um 2;
5 und 7 differieren um 2;
11 und 13 differieren um 2;
17 und 19 differieren um 2;
29 und 31 auch.

Aus naheliegenden Gründen spricht man von „Primzahlzwillingen".
Gibt es nun unendlich viele Primzahlen dieser Art, unendlich viele Primzahlzwillinge?
Wer sagt „Ja"? Heben Sie die Hand! *[Einige Hände werden gehoben.]*
Wer sagt „Nein"? *[Andere Hände heben sich.]*
Wer hüllt sich lieber in Schweigen? *[Viele Hände heben sich. Lächeln.]*
Wer meint, daß dies eine interessante Frage ist?

Zuhörerschaft. Ja, es ist interessant. *[Mehrere Leute sprechen zugleich.]*

Serge Lang. Natürlich können Sie diese Frage mögen oder auch nicht. In der Tat wird sie von den Mathematikern allgemein für ein interessantes Problem gehalten. Nun, Sie sehen, daß es zumindest ein Problem ist. Niemand kennt die Antwort. Wenn Sie die Lösung finden, wird es Ihnen wie bei Plutarch ergehen, Sie werden in die Geschichte der Mathematik eingehen. Tatsächlich nimmt man an, daß es unendlich viele Primzahlzwillinge gibt, und man kann sogar noch weiter gehen. Man kann zu verstehen suchen, warum es unendlich viele geben sollte.

Jemand. Gibt es unendlich viele Tripel?

Serge Lang. Die Frage ist interessant. Können Sie sie sofort beantworten?

Verschiedene Stimmen in der Zuhörerschaft. Ja, ich denke, es gibt unendlich viele.

Serge Lang. Aufgepaßt! Versuchen wir, zu den Paaren von Primzahlen, die wir bereits haben, jeweils eine Zahl hinzuzufügen:

3	5	7;
5	7	9;
11	13	15;
17	19	21;
29	31	33

usw.

Jemand. 21 ist nicht Primzahl.

Serge Lang. Ja. Was bemerken Sie an Ihren Tripeln? Es gibt nur eines: 3, 5, 7. Aber danach, was passiert dann? Sie wissen es nicht? Schauen Sie genau hin: 9, 15, 21, 33, ...

Zuhörerschaft. Sie sind Vielfache von ...

Serge Lang. Schscht! Der Herr dort oben. *[Zögern. Keine Antwort von dem Herrn.]* Sie haben eine gemeinsame Eigenschaft, all diese Zahlen: sie sind durch 3 teilbar. Es ist nun eine sehr leichte Übungsaufgabe, zu zeigen, daß in jedem Tripel ungerader Zahlen stets ein Vielfaches von 3 vorkommt. Infolgedessen kann es keine Primzahltripel geben.

Zuhörerschaft. Außer dem ersten, nämlich 3, 5, 7.

Serge Lang. Außer dem ersten, natürlich, welches auch ein Vielfaches von 3 enthält, und zwar die Primzahl 3; andere gibt es nicht.

Kehren wir zu unseren Primzahlzwillingen zurück, den Paaren von Primzahlen, wenn Sie so wollen. Versuchen wir zu verstehen, warum es deren unendlich viele geben sollte. Vorher aber wollen wir uns wieder der Frage zuwenden: wie viele Primzahlen gibt es, die kleiner oder gleich x sind; existiert eine Näherungsformel?

Gut, nehmen wir alle Zahlen bis x:

$$1, 2, 3, 4, 5, 6, 7, 8, 9, ..., x.$$

Unter diesen gibt es die geraden und die ungeraden Zahlen. Was heißt aber, daß eine Zahl prim ist? Es bedeutet, daß sie nur durch sich selbst und durch 1 teilbar ist. Daher ist eine Primzahl sicher nicht gerade.

Zuhörerschaft. Außer 2.

Serge Lang. Natürlich außer 2. Wenn ich nun bis x gehe, wie viele gerade Zahlen gibt es da?

Mehrere Stimmen in der Zuhörerschaft. Die Hälfte von ihnen.

Serge Lang. Näherungsweise die Hälfte. Ganz recht, $x/2$. Es ist ein gewisser Bruchteil von x gesucht. Die Anzahl der Primzahlen kleiner oder gleich x ist ein gewisser Bruch mal x. Und dieser Bruch hängt von x ab. Wir wollen ihn bestimmen.

Gut, folglich wird unter den ganzen Zahlen 1, 2, 3 bis x näherungsweise die Hälfte ungerade, also nicht durch 2 teilbar sein. Unter den ungeraden Zahlen werden wie viele nicht durch 3 teilbar sein?

Zuhörerschaft. Ein Drittel.

Serge Lang. Nein, ein Drittel ist durch 3 teilbar, und zwei Drittel werden nicht durch 3 teilbar sein. Einverstanden? Schreiben wir 2/3 in der Form $(1 - 1/3)$. Wie viele unter den übrigen werden nun nicht durch 5 teilbar sein?

Eine Stimme aus der Zuhörerschaft. $1 - 1/5$.

Serge Lang. Sind Sie Mathematiker? Ja? Dann bitte den Mund halten! Das wäre Betrug und nicht nett. Also, wie viele unter den übrigen sind nicht durch die nächste Primzahl teilbar?

Zuhörerschaft. $1 - 1/7$.

Serge Lang. Gut, und was haben wir schließlich zu tun, um alle Zahlen zu finden, die prim sind? Sie dürfen durch keine Primzahl von 2 bis ... irgendwohin teilbar sein. Somit müssen wir das Produkt

$$\frac{1}{2}\left(1 - \frac{1}{3}\right)\left(1 - \frac{1}{5}\right)\left(1 - \frac{1}{7}\right)\ldots$$

nehmen, das bis wohin gehen muß?

Zuhörerschaft. Bis zur letzten Primzahl vor x.

Serge Lang. Ja, aber man kann besser vorgehen. Schlimmstenfalls wird es das Produkt

$$\text{Produkt aller Faktoren}\left(1 - \frac{1}{p}\right)$$

sein, wobei p bis x läuft. Das wird näherungsweise jener Bruchteil von x sein, der den Bruchteil aller Zahlen angibt, die prim sind.

Nun brauche ich in Wahrheit nicht bis x zu gehen, sondern nur bis zur Quadratwurzel von x, die man mit $\sqrt{x}$ bezeichnet. Denn angenommen, eine Zahl, kleiner als x und nicht prim, ist durch eine Primzahl größer als $\sqrt{x}$ teilbar. Dann ist sie notwendigerweise auch durch eine

Primzahl kleiner als $\sqrt{x}$ teilbar.[6] Folglich können wir eine solche Zahl beiseitelassen, wenn wir den kleinsten ihrer Primfaktoren gefunden haben. Aber wenn x groß ist und wenn p zwischen $\sqrt{x}$ und x liegt, dann liegt der Ausdruck $(1 - 1/p)$ sehr dicht bei 1. Man kann zeigen, daß das über alle p mit $\sqrt{x} \leqq p \leqq x$ erstreckte Produkt nahe bei 1/2 liegt. Zur Vereinfachung unserer Formeln werde ich auch weiterhin das Produkt der $(1 - 1/p)$ für alle $p \leqq x$ schreiben. Um eine bessere oder die bestmögliche Approximation zu bekommen, müßte man das Produkt noch mit einer Konstanten multiplizieren, die schwer zu bestimmen ist, weil sie Beziehungen widerspiegelt, welche verborgener sind als jene, die wir eben beschrieben haben.

Jetzt rechne ich näherungsweise und komme dazu, dieses Produkt zu betrachten. Es gibt etwa den Bruchteil von x wieder, welcher gleich der Anzahl der Primzahlen kleiner oder gleich x ist. Dieser Bruchteil von x ist ziemlich mysteriös, vermittelt aber dennoch eine gewisse Vorstellung davon, was geschieht. Ist beispielsweise dieser Bruchteil konstant? Offensichtlich nicht. Je weiter wir fortschreiten, desto kleiner wird er. Wie schnell er abnimmt, ist nicht klar. Es ist überhaupt unklar, wie sich das Produkt verhält. Und nun stecke ich fest. Später werde ich ihnen eine gewisse Antwort geben können, aber ich kann sie nicht beweisen, weil das zu aufwendig wäre.

Dieses Produkt zu analysieren ist kompliziert, doch wir haben bereits einen Schritt vorwärts getan, indem wir dieses Produkt gefunden haben, welches uns einen gewissen Bruchteil von x liefert und das abnimmt, wenn x wächst.

Die Mathematiker benutzen zur Bezeichnung eines Produkts das Zeichen

$$\prod.$$

So wird das Produkt aller Faktoren $(1 - 1/p)$, erstreckt über alle Primzahlen p kleiner oder gleich x, mit

$$\prod_{p \leqq x} \left(1 - \frac{1}{p}\right)$$

bezeichnet. Die Anzahl der Primzahlen $\leqq x$ sollte dann näherungsweise gleich

$$\prod_{p \leqq x} \left(1 - \frac{1}{p}\right) x$$

---

[6] Ich gebe die Details dieser Aussage an. Es sei N kleiner oder gleich x. Angenommen, N ist ein Produkt, $N = pN'$, mit einer Primzahl p, die größer als $\sqrt{x}$ ist. Dann gilt $N' = N/p$, und N' ist kleiner als $\sqrt{x}$. Wenn q ein Primfaktor von N' ist, so ist q kleiner als $\sqrt{x}$ und auch ein Faktor von N.

sein. Weil es etwas mühsam wäre, das Produkt auszuschreiben, wollen wir es mit einem einzigen Buchstaben $F(x)$ bezeichnen (F für fraction = Bruchteil, in Abhängigkeit von x). Wir setzen also

$$F(x) = \prod_{p \le x} \left(1 - \frac{1}{p}\right).$$

Mit dieser Abkürzung kann man dann schreiben, daß die Anzahl der Primzahlen $\le x$ näherungsweise gleich

$$F(x)x$$

ist, was einfacher aussieht.

Nun wollen wir versuchen, dieselbe Analyse auf unsere Primzahlzwillinge anzuwenden. Was passiert bei Primzahlzwillingen, was nicht für alle Primzahlen gilt? Es gibt eine zusätzliche Einschränkung: Wenn p eine Primzahl ist, dann muß auch $p + 2$ Primzahl sein. Nehmen wir alle Zahlen

$$1, 2, 3, 4, 5, 6, 7, 8, 9, \ldots, x.$$

Etwa die Hälfte davon ist ungerade. Somit bekommen wir wieder einen Faktor 1/2. Schauen wir jetzt auf jene Zahlen, die nicht durch 3 teilbar sind, und schreiben wir unter jede den Rest bei der Division durch 3:

$$\begin{array}{ccccccccc} 1 & 2 & 3 & 4 & 5 & 6 & 7 & 8 & 9 & \cdots \\ 1 & 2 & 0 & 1 & 2 & 0 & 1 & 2 & 0 & \cdots \end{array}$$

Da p nicht durch 3 teilbar sein kann, ergibt sich nach der Division durch 3 stets 1 oder 2 als Rest. Wir haben also zwei Möglichkeiten.

Für die Primzahlzwillinge müssen sowohl p als auch $p + 2$ prim sein. Somit ist nicht nur p, sondern auch $p + 2$ nicht durch 3 teilbar. Dies bedeutet, daß bei der Division durch 3 der Rest sein muß ...

Zuhörerschaft. Verschieden von 1.

Serge Lang. Ja, weil dann, wenn der Rest gleich 1 ist und ich 2 addiere, $p + 2$ durch 3 teilbar ist. Somit haben wir eine neue Bedingung an p gefunden, daß nämlich nach Division durch 3 der Rest 2 sein muß. Statt wie vorhin eine einzige Möglichkeit auszuschließen, schließen wir jetzt bereits zwei Möglichkeiten aus. Unser Produkt beginnt daher mit

$$\frac{1}{2}\left(1 - \frac{2}{3}\right).$$

Nun wollen wir dasselbe mit 5 tun. Wenn wir eine ganze Zahl durch 5 dividieren und diese Zahl nicht genau durch 5 teilbar ist, so gibt es vier mögliche Reste, nämlich 1, 2, 3, 4. Addiere ich dann 2, soll die Zahl $p + 2$ auch nicht durch 5 teilbar sein. Wie viele mögliche Reste gibt es? Mit anderen Worten, damit $p + 2$ nicht durch 5 teilbar ist, sollte der Rest nicht gleich welcher Zahl sein?

Zuhörerschaft. 3.

Serge Lang. In der Tat ja, denn wenn wir die ganze Zahl durch 5 teilen, sollte der Rest von 0 und 3 verschieden sein. Das gibt mir den Faktor

$$\frac{3}{5} \quad \text{oder} \quad \left(1 - \frac{2}{5}\right).$$

Als nächstes will ich für 7 diejenigen ganzen Zahlen p charakterisieren, welche nicht durch 7 teilbar und von der Art sind, daß dann, wenn ich 2 addiere, $p + 2$ nicht durch 7 teilbar ist. Deshalb muß ich also Vielfache von 7 weglassen und zusätzlich jene Zahlen, deren Rest nach Division durch 7 gleich 5 ist. Der nächste Faktor wird daher ...

Zuhörerschaft. $(1 - 2/7)$.

Serge Lang. Sehr gut. Folglich wird der Bruchteil, auf den wir aus sind, gleich dem Produkt

$$\frac{1}{2} \prod \left(1 - \frac{2}{p}\right),$$

erstreckt über alle Primzahlen ≥ 3 und kleiner oder gleich x. Als wir alle Primzahlen ohne jegliche weitere Einschränkung betrachtet hatten, wurden wir dazu veranlaßt, das Produkt über alle Glieder $(1 - 1/p)$ zu nehmen. Jetzt mit der Zusatzbedingung, daß $p + 2$ prim ist, haben wir das Produkt der Glieder $(1 - 2/p)$ zu nehmen. All dies gilt nur näherungsweise, aber es vermittelt eine gute Vorstellung davon, wie viele Primzahlzwillinge existieren. Das ist nun unsere Vermutung:

Vermutung. Die Anzahl der Primzahlzwillinge kleiner oder gleich x ist angenähert gleich

$$\frac{1}{2} \prod_{3 \leq p \leq x} \left(1 - \frac{2}{p}\right) x.$$

Hier ändert sich wiederum das Produkt mit x. Es ist eine Funktion von x, aber keine konstante Funktion wie 4/5 oder 1/12. Wir kürzen das Produkt wie vorhin ab und setzen

$$F_2(x) = \frac{1}{2} \prod_{3 \leq p \leq x} \left(1 - \frac{2}{p}\right),$$

so daß die Anzahl der Primzahlzwillinge $\leq x$ näherungsweise gleich $F_2(x)x$ ist. Jetzt sind wir in einer ähnlichen Lage wie vorhin, als wir alle Primzahlen abgezählt hatten, und es bleibt noch dieses Produkt zu analysieren, das über Primzahlen erstreckt ist, obgleich wir in Wahrheit gerade versuchen, Primzahlen abzuzählen. Wir bewegen uns hier etwas im Kreise, aber nicht vollständig.

Wir erhalten aus diesem Produkt einige Informationen; man kann das Produkt ausrechnen. Obgleich der Bruchteil

$$\frac{1}{2} \prod_{3 \leq p \leq x} \left(1 - \frac{2}{p}\right)$$

mit x abnimmt, ist er noch ziemlich groß, aber ich hätte zu erklären, was unter „ziemlich groß" zu verstehen ist. Jetzt stecke ich fest, denn man benötigt dazu ein etwas reichhaltigeres Vokabular, mehr mathematische Kenntnisse. Bis jetzt konnte ich nur mit den Grundregeln der Arithmetik arbeiten, die man in der fünften Klasse lernt. Aber versuchen wir es irgendwie!

Wer hat schon vom Logarithmus gehört? *[Ein paar Hände gehen in die Höhe.]* Wer hat niemals vom Logarithmus gehört? *[Mehrere Hände werden gehoben.]* Wer hüllt sich lieber in Schweigen? *[Mehrere Hände gehen hoch.]* Gut, es gibt etwas, das heißt Logarithmus. Er wird mit $\log x$ bezeichnet. Man findet ihn auch auf all den kleinen Taschenrechnern in den Kaufhäusern. Ich habe jetzt aber keine Zeit, ihn im Detail zu erklären. *[Ein paar mehr Erklärungen werden später gegeben.]*

Dann gilt, daß

$$\prod_{p \leq x} \left(1 - \frac{1}{p}\right) \quad \text{näherungsweise gleich} \quad \frac{1}{\log x}$$

ist. Aber es ist nicht etwa trivial, dies zu beweisen, und es ist auch nicht möglich, irgendeine Vorstellung davon zu vermitteln, wie der Beweis abläuft. Das ganze ist ziemlich technisch und recht aufwendig. Vom Standpunkt der Differential- und Integralrechnung aus ist es zwar elementar, aber trotzdem sehr aufwendig. Man kann es auf etwa ... dreißig Seiten erledigen.

[Verschiedene Reaktionen in der Zuhörerschaft.]

Serge Lang. Oh, wissen Sie, dreißig Seiten, das ist nichts. Vor sechs Monaten sind einige neue Sätze bewiesen worden, wozu man 10 000 Seiten benötigte. Daher sind dreißig Seiten keine große Sache. Mit nichts beginnend, natürlich.

Immerhin gibt es eine Funktion, die $\log x$ heißt, und das erste Produkt

$$\prod_{p \leq x} \left(1 - \frac{1}{p}\right)$$

ist näherungsweise gleich $1/\log x$.

Was das andere, zu den Primzahlzwillingen gehörige Produkt angeht, so kann man beweisen, daß

$$F_2(x) \quad \text{angenähert gleich} \quad \frac{1}{(\log x)^2}$$

ist. Das Quadrat rührt von der Tatsache her, daß $1/p$ durch $2/p$ ersetzt worden ist. Beispielsweise gilt

$$\left(1 - \frac{1}{p}\right)^2 = 1 - \frac{2}{p} + \frac{1}{p^2},$$

und wenn p groß ist, dann ist $1/p^2$ sehr klein, verglichen mit $2/p$. Wir können es also vernachlässigen und finden, daß

$$\prod\left(1 - \frac{1}{p}\right)^2 \quad \text{angenähert gleich} \quad \prod\left(1 - \frac{2}{p}\right)$$

ist. Daher lautet die Vermutung:

Die Anzahl der Primzahlzwillinge kleiner oder gleich x ist näherungsweise gleich

$$F_2(x)\, x \quad \text{oder auch} \quad \frac{x}{(\log x)^2}.$$

Natürlich müßte ich noch genauer erklären, was unter „näherungsweise" zu verstehen ist, aber dazu haben wir jetzt nicht die Zeit, denn dies ist ein wenig mehr technisch. Vielleicht ergibt sich später, nach diesem Vortrag, noch eine Gelegenheit dazu.

Die Funktion $\log x$ wächst langsam mit x. Daher ist unser Bruch ziemlich groß. Aber trotz all dieser heuristischen Argumente vermag niemand zu beweisen, daß es unendlich viele Primzahlzwillinge gibt.

Was habe ich soeben getan? Zweifellos haben wir Mathematik betrieben. Aber es ist nichts bewiesen worden, außer dem ersten Satz von Euklid. Wir haben lediglich heuristische Argumente vorgebracht, doch das bedeutet keineswegs, daß der Verstand nicht funktioniert hat. Ganz im Gegenteil. Wir haben eine Vermutung formuliert, das heißt, wir haben versucht zu erraten, wie die Antwort lauten könnte, und jetzt stehen wir einem Problem gegenüber. Nun, darin besteht eben die Mathematik: interessante Probleme zu finden und sie zu lösen versuchen. Sie eventuell zu lösen.

Wir wollen jetzt eine weitere Frage stellen. Tatsache ist, daß

$2^2 + 1 = 4 + 1 = 5$ prim ist,
$4^2 + 1 = 16 + 1 = 17$ prim ist,
$6^2 + 1 = 36 + 1 = 37$ prim ist,
$8^2 + 1 = 64 + 1 = 65$ nicht prim ist,
$10^2 + 1 = 101$ aussieht, als sei es prim, und in der Tat ist es prim.

Frage: Gibt es in dieser Liste von Primzahlen, die als das Quadrat einer Zahl plus Eins geschrieben werden können, unendlich viele Primzahlen? Denken Sie darüber nach, ich wende mich lediglich an Ihre Intuition. Sie sollen im Moment nichts beweisen. Gibt es unendlich viele Primzahlen der Form $n^2 + 1$?

Jemand. Nein.

Serge Lang. Wer sagt „Ja" ...? Wer sagt „Nein" ...? Wer hüllt sich lieber in Schweigen? *[Verschiedene Reaktionen in der Zuhörerschaft. Die Meinungen sind geteilt.]* Es ist weniger klar, nicht wahr?

Zuhörerschaft. Es gibt größere Abstände zwischen ihnen. Sie kommen weniger häufig vor.

Serge Lang. Das ist richtig, meine Dame, zwischen ihnen gibt es größere Abstände als zwischen den Primzahlzwillingen, die ja ihrerseits schon größere Abstände aufwiesen als alle Primzahlen. Können Sie abschätzen, wie groß der Zwischenraum näherungsweise ist? Klein? Groß? Kann man ein quantitatives Maß angeben?

Zunächst die Antwort: niemand weiß, ob es unendlich viele gibt. Dies ist ein ungelöstes Problem, eine der großen offenen Fragen der Mathematik. Man nimmt an, daß die Antwort „Ja" lautet. Ich wiederhole: Wenn Sie die Lösung finden, werden Sie in die Geschichtsbücher der Mathematik eingehen (aber Sie würden es nicht notwendig in dieser Absicht tun).

Die Vermutung lautet, daß es unendlich viele Primzahlen der Form $n^2 + 1$ gibt, aber wie schon im Falle der Primzahlzwillinge läßt sich noch mehr sagen. Man kann eine gewisse Vorstellung von dem entsprechenden Bruchteil geben, den sie repräsentieren.

Für alle Primzahlen ist dieser Bruchteil gleich

$$F(x)x \quad \text{oder} \quad \frac{1}{\log x} x = \frac{x}{\log x};$$

für die Primzahlzwillinge ist er gleich

$$F_2(x)x \quad \text{oder} \quad \frac{1}{(\log x)^2} x = \frac{x}{(\log x)^2}.$$

Was für einen Bruchteil sollten wir für die Primzahlen der Form $n^2 + 1$ finden?

Jemand. n muß notwendig kleiner als $\sqrt{x}$ sein.

Serge Lang. Richtig. Für $n^2 + 1$ kleiner als x ist n durch $\sqrt{x}$ beschränkt. Versuchen wir abzuschätzen, welcher Bruchteil aller Zahlen durch Primzahlen der Form $n^2 + 1$ repräsentiert wird. Wenn die Primzahlen zufällig verteilt sind, dann wahrscheinlich der gleiche Bruchteil von $\sqrt{x}$ wie der Bruchteil aller Primzahlen bezüglich x. Das ist ziemlich plausibel. Immerhin ist es eine Arbeitshypothese. Wie lautet somit unsere Vermutung? Der Herr hier oben.

Herr und Zuhörerschaft. *[Jeder zögert.]*

Serge Lang. Der Anteil der Primzahlen kleiner oder gleich x ist

$$\frac{1}{\log x} x.$$

Wendet man dies auf $\sqrt{x}$ an, so bekommt man näherungsweise

$$\frac{1}{\log x} \sqrt{x}.$$

Das ist, grob gesprochen, die Vermutung, bis auf einen konstanten Faktor.

Jemand. Warum nicht $\dfrac{1}{\log \sqrt{x}} \sqrt{x}$?

Serge Lang. Einverstanden, es ist nicht so ganz klar, ob es x oder $\sqrt{x}$ heißen sollte. Aber erstens hat man die Beziehung

$$\log \sqrt{x} = \frac{1}{2} \log x,$$

so daß sich die beiden Ausdrücke nur um einen Faktor 2 unterscheiden, und zweitens behaupte ich auch nur, eine Approximation bis auf einen konstanten Faktor zu geben. Auf jeden Fall legen diese heuristischen Gedanken, die rein intuitiv sind, nahe, daß es unendlich viele solche Primzahlen gibt, da man für sie ein quantitatives Maß angeben kann.

Natürlich sollte ich erklären, was unter „näherungsweise" zu verstehen ist, nicht nur für die Primzahlen der Form $n^2 + 1$, sondern auch für alle Primzahlen oder für die Primzahlzwillinge. Das würde aber Gegenstand eines weiteren Vortrages sein, den ich heute nicht mehr abhalten kann und der vielleicht eine Stunde dauern könnte. Unser Problem liegt nämlich gerade im Fehlerglied dieser Approximation, und es wird allgemein als eines der größten Probleme in der Mathematik angesehen. Es ist das Fehlerglied, das in der Formel $x/(\log x)$ für alle Primzahlen vorkommt. Es gibt eine präzise Vermutung, die auf Riemann zurückgeht, vor etwa 130 Jahren aufgestellt worden ist, Riemannsche Vermutung heißt und das bestmögliche Fehlerglied angibt. Doch ist sie trotz der Tatsache, daß viele Mathematiker hierüber gearbeitet haben, heute noch immer nicht bewiesen.

Aber ich habe nun bereits über eine Stunde gesprochen; wir wollen hier innehalten.

Die Fragen

Frage. Sie haben von anderen reinen Mathematikern gesprochen, aber warum beschäftigen Sie selbst sich mit Mathematik?

Serge Lang. Warum? Warum komponieren Sie eine Sinfonie oder eine Klavierballade? Ich habe Ihnen bereits gesagt, warum. Weil es mir Schauer über den Rücken laufen läßt. Das ist es. Aber ich habe nicht gesagt, daß es Ihnen auch so gehen müßte. Das ist Ihre freie Entscheidung.

Frage. Können Sie sagen, wo die Grenze zwischen reiner und angewandter Mathematik liegt?

Serge Lang. Es gibt keine Grenzen. Die beiden gehen ineinander über, ohne daß ich in der Lage bin, eine Grenze zu definieren. Wenn Sie versuchen, allgemein eine Grenze zu definieren, so behaupte ich nicht, daß es Ihnen nicht gelingt. Ich persönlich habe aber noch niemals jemanden gesehen, der es vermochte.

Frage. Was Sie gerade getan haben, könnte das irgendwo nützlich sein?

Serge Lang. Sie sagten „könnte". Das ist ein Konditionalsatz, so daß ich logisch antworten muß: ja.

Frage. Wenn Sie mathematische Forschung betreiben, haben Sie da ein Ziel vor Augen?

Serge Lang. Das Ziel besteht darin, die Vermutung zu beweisen.

Frage. Aber zu Beginn?

Serge Lang. Zu Beginn geht es zunächst um das Finden der zu beweisenden Vermutung und dann um den Versuch, sie zu beweisen. Eine der Hauptschwierigkeiten in der Mathematik besteht darin, den Gegenstand zu finden, auf den man sich konzentrieren will, das Problem, welches zu lösen man versuchen will.

Frage. Aber erfolgt das durch logische Deduktion oder durch Intuition?

Serge Lang. Habe ich hier irgendwelche Logik angewendet? Halb und halb. Es gab eine Menge an Intuition. Und an Logik, wie Sie wissen, als ich Ihnen erzählt habe, daß das eine oder andere ein Drittel oder ein Fünftel von sonstetwas ist. Ich habe eine Menge von Sachen angenommen, ohne sie zu beweisen. Ich habe hier mehr mit Intuition als mit Logik Mathematik getrieben. Übrigens werden neue Ergebnisse im allgemeinen durch Intuition entdeckt, ebenso Beweise, und schließlich werden sie einem logischen Muster entsprechend aufgeschrieben. Man darf aber die beiden Dinge nicht miteinander vermengen. Es ist dasselbe wie in der Literatur: Grammatik und Syntax sind nicht Literatur. Wenn Sie ein Musikstück schreiben, benutzen Sie Noten, aber die Noten sind nicht die Musik. Ein Musikstück aus der Partitur zu lesen ist kein Ersatz dafür, es in der Carnegie Hall oder sonstwo zu hören. Logik ist ebenso die Hygiene der Mathematik, wie Grammatik und Syntax die Hygiene der Sprache sind – doch wie dem auch sei! „Under the bam, under the boo, under the bamboo tree …", da gibt es keine Grammatik. Das Wesentliche bei Shakespeare oder Goethe sind weder Grammatik noch Syntax, sondern die Poesie, die musikalische Wirkung von Worten, poetische Anspielungen, ästhetischer Impressionismus und viele andere Dinge. Aber während die Schönheit der Poesie unter der Übersetzung verblaßt, ist die Schönheit der Mathematik unter linguistischen Transformationen invariant.

Frage. Sie haben heuristische Argumente und Approximationen verwendet, um zu beschreiben, womit sich ein reiner Mathematiker beschäftigt. Aber ein Mathematiker tut auch noch andere Dinge.

Serge Lang. Aufgepaßt, ich habe nicht gesagt, daß sich ein Mathematiker nur damit beschäftigt. Man versucht, etwas zu beweisen, man entdeckt eine Vermutung, etwa, wie ich es hier beschrieben habe. Manchmal gelingt es einem, manchmal nicht. Man geht mit sukzessiver Approximation vor, sowohl beim Aufstellen von Vermutungen als auch beim Versuch, sie zu beweisen. Die Negation von etwas Absolutem ist keineswegs das Absolute entgegengesetzter Art.

Je nachdem, wie oft man Erfolg hat und wie tiefliegend die Resultate sind, wird man ein großer Mathematiker sein oder ein durchschnittlicher oder ...

Jemand. Sie haben beispielsweise nicht über Axiomatisierung gesprochen.

Serge Lang. Axiomatisierung ist das, was man zuletzt tut, es ist Unsinn. Axiomatisierung ist die Hygiene der Mathematik. Es ist die Disziplin des Geistes; wie Grammatik und Syntax. Aber tun Sie, was Sie wollen. Jeder hat selbst zu bestimmen, was er zu tun beliebt. Mein Wort „Unsinn" ist natürlich zu streng. Ich axiomatisiere auch, wenn ich es für angemessen halte, und es gibt eine Menge anderer Dinge, über die ich nicht gesprochen habe. Ich mußte eine Auswahl treffen. Ich wollte einen wesentlichen Aspekt der Mathematik aufzeigen, von dessen Existenz die meisten Leute keine Ahnung haben.

Jemand. Es gibt ein Problem, das mir Schauer über den Rücken laufen läßt, das Problem der Abzählbarkeit der reellen Zahlen. Cantor hat versucht, dieses Problem zu behandeln, und ich glaube, er wurde dadurch ein wenig verrückt. Ich habe gehört, daß es von Cantor bewiesen worden ist, und würde gern wissen, ob das wahr ist.

Serge Lang. Was bewiesen? Daß die reellen Zahlen nicht abzählbar sind? Ja, das hat er gewiß getan.

Derselbe. Können Sie uns eine Idee dieses Beweises geben?

Serge Lang. *[Zögert.]*

Derselbe. Ohne zu weit zu gehen.

Serge Lang. Gut, der Herr würde gern ... *[Getöse in der Zuhörerschaft.]* Ja! Ich kann es in ein paar Minuten tun.

Herr. Ich war eben neugierig.

Serge Lang. Aber es ist immer aus Neugier! *[Gelächter.]* Im Gegenteil, der springende Punkt bestand gerade darin, Ihre Neugierde zu verstärken, indem ich Ihnen zeigte, worauf ich neugierig war. Also führen wir den Beweis. Was ist eine reelle Zahl? Es ist ein unendlicher Dezimalbruch, z. B. 27,913 052 3 ... Da ich nicht unendlich viele Ziffern aufschreiben kann, muß ich Indexschreibweise anwenden. Und um die Sache zu vereinfachen, werde ich nur die Zahlen zwischen 0 und 1 betrachten. Angenommen, wir können alle diese Zahlen in einer Folge schreiben, mit einer ersten, einer zweiten, einer dritten usw., ohne irgendeine von ihnen auszulassen:

$$0,a_{11}a_{12}a_{13}a_{14}\ldots,$$
$$0,a_{21}a_{22}a_{23}a_{24}\ldots,$$
$$0,a_{31}a_{32}a_{33}a_{34}\ldots,$$

mit ganzen Zahlen a_{ij} zwischen 0 und 9. Ich will nun zeigen, daß es notwendig einen unendlichen Dezimalbruch gibt, der nicht in dieser Liste steht. Dazu wähle ich eine ganze Zahl b_1, die nicht gleich a_{11} ist. Dann eine ganze Zahl b_2, die nicht gleich a_{22} ist. Anschließend eine ganze Zahl b_3, die nicht gleich a_{33} ist. Allgemein wähle ich also eine ganze Zahl b_n, die nicht gleich a_{nn} ist, und ich greife b_n zwischen 1 und 8 heraus (um Mehrdeutigkeiten zu vermeiden, die mit einer Folge von Nullen oder Neunen zusammenhängen). Dann ist der unendliche Dezimalbruch

$$0,b_1b_2b_3b_4\ldots$$

auf Grund der Art, in der ich ihn konstruiert habe, keinem Dezimalbruch meiner Liste gleich, er ist also ein neuer.

Sie werden bemerken, daß alles, was wir gerade getan haben, der Euklidischen Methode zu Beginn ähnelt. Wir haben eine Liste aufgestellt und dann gezeigt, daß es einen Dezimalbruch gibt, der nicht in unserer Liste steht.

Frage. Ich würde gern wissen, was Sie von den großen Schulen des mathematischen Denkens bezüglich der Unendlichkeit halten.

Serge Lang. Ich denke darüber nicht nach. All dies ist lange Zeit vorher für mich gelöst worden. Es hatte eine gewisse historische Bedeutung, aber heute ist es gelöst. Etwas ist entweder unendlich, oder es ist es nicht.

Frage. Aber so einfach ist das nicht!

Serge Lang. Einverstanden, Sie haben recht.

Frage. Existiert das Unendliche?

Serge Lang. Als ich von Primzahlen gesprochen habe, wußten Sie da, wie darauf zu antworten ist, ob es unendlich viele von ihnen gibt oder nicht?

Frage. Ja.

Serge Lang. Dann ist es das, Sie haben es verstanden. Das beantwortet die Frage.

Frage. Aber der Cantorsche Beweis ist von den Intuitionisten mehr oder weniger verworfen worden. Ich glaube, es gab um diesen Gegenstand allerhand Kampf.

Serge Lang. Wenn die Leute zu kämpfen wünschen, steht es ihnen frei, es zu tun. Ich für meinen Teil betreibe Mathematik.

Frage. Haben Sie selbst an den Problemen gearbeitet, die Sie heute aufgeworfen haben?

Serge Lang. Ja, über das Problem der Primzahlen von der Form $n^2 + 1$. Weil Sie das interessiert und Sie noch hier sitzen, möchte ich zu diesem Problem etwas präzisere Aussagen machen. Als ich darüber nachzudenken begann, worüber ich Ihnen heute erzählen könnte, dachte ich an die Primzahlzwillinge. Doch wußte ich selbst weder, ob es eine Vermutung über sie gibt, noch wie sie zu motivieren wäre. Ich schaute also im Buch von Hardy und Wright nach und fand sie. Diese Vermutung und diejenige über die Primzahlen der Form $n^2 + 1$ entstammen einem Artikel von Hardy und Littlewood aus dem Jahre 1923. Ich werde nun ihre Vermutung etwas präziser fassen, als ich es bis jetzt getan habe.

Ich habe mehrmals gesagt, gewisse Ausdrücke seien bis auf einen konstanten Faktor angenähert gleich. Was bedeutet das? Angenommen, ich habe zwei Ausdrücke $A(x)$ und $B(x)$. $A(x)$ heißt asymptotisch gleich $B(x)$, wenn der Quotient

$$\frac{A(x)}{B(x)}$$

gegen 1 strebt, wenn x unbeschränkt wächst. Dies bedeutet, daß der Quotient für sehr große x sehr dicht bei 1 liegt. Die Beziehung, daß $A(x)$ asymptotisch gleich $B(x)$ ist, wird mit dem Zeichen

$$A(x) \sim B(x)$$

bezeichnet. Wir können dann den Primzahlsatz folgendermaßen formulieren.

Es sei $\pi(x)$ die Anzahl der Primzahlen $\leqq x$. Dann gilt

$$\pi(x) \sim e^\gamma F(x)x,$$

wobei e und γ Konstanten sind, die durchgängig in der Mathematik gebraucht werden, während F so ist wie vorhin. Die Konstante e heißt die Basis der natürlichen Logarithmen, und γ heißt Eulersche Konstante. Weil das Produkt $F(x)$ selbst ziemlich mysteriös aussieht, zieht man es vor, es durch einen anderen Ausdruck zu ersetzen. Nach einem Satz von Mertens gilt die asymptotische Beziehung

$$e^\gamma F(x) \sim \frac{1}{\log x},$$

d. h.

$$\pi(x) \sim \frac{x}{\log x},$$

was die übliche Formulierung des Primzahlsatzes ist. Es ist nützlich, ihn auf diese Weise zu schreiben, weil man die Logarithmusfunktion sehr gut kennt. Wir wissen, wie sie mit größer werdendem x wächst. Beispielsweise haben wir die folgenden Werte:

$$\log 10 = 2,3 \ldots, \qquad \log 10\,000 = 9,2 \ldots,$$
$$\log 100 = 4,6 \ldots, \qquad \log 100\,000 = 11,5 \ldots,$$
$$\log 1\,000 = 6,9 \ldots, \qquad \log 1\,000\,000 = 13,8 \ldots$$

und so weiter. Man beachte, daß die Zahlen 10, 100, 1 000, 10 000, 100 000, 1 000 000 mit Potenzen von 10 wachsen, während der Logarithmus nur dadurch wächst, daß jedesmal etwa 2,3 addiert wird. Das bedeutet, daß der Logarithmus sehr viel langsamer wächst.

Analog sei $\pi_2(x)$ die Anzahl der Primzahlzwillinge $\leqq x$. Dann besagt die Hardy-Littlewoodsche Vermutung, daß

$$\pi_2(x) \sim (e^\gamma)^2 F_2(x) x$$

ist. Diese Formel kann auch asymptotisch mit dem Logarithmus in der Form

$$\pi_2(x) \sim 2C_2 \frac{x}{(\log x)^2}$$

geschrieben werden, wobei C_2 eine Konstante ist, die man durch ein unendliches, über alle Primzahlen $\geqq 3$ erstrecktes Produkt erhält, nämlich

$$C_2 = \prod_{3 \leqq p} \left[1 - \frac{1}{(p-1)^2} \right].$$

Hardy und Littlewood haben genauere wahrscheinlichkeitstheoretische Argumente gegeben, als ich sie hier in einer Stunde darstellen konnte. Insbesondere habe ich beim Aufschreiben der Produkte implizit angenommen, daß die Bedingungen der Teilbarkeit durch 2, 3, 5 usw. unabhängig sind. Aber ich habe diese Annahme, die in Wahrheit falsch ist, nicht bewiesen. Diese Bedingungen sind nicht unabhängig, und die Konstante e^γ spiegelt die Abhängigkeiten zwischen den Teilbarkeitsbedingungen wider.[7] Doch das wird jetzt immer technischer, und ich kann

---

[7] Der Beweis der vermuteten Formel für die Anzahl der Primzahlen ist nicht ganz trivial. In der Tat besagt das Goldbachsche Problem, das zu dem Problem der Primzahlzwillinge ganz analog ist, daß jede hinreichend große gerade Zahl Summe zweier ungerader Primzahlen ist. Hardy und Littlewood haben sogar vermutet, daß es eine asymptotische Formel für die Anzahl solcher Darstellungen gibt, die durch

$$N_2(n) \sim 2C_2 \frac{n}{(\log n)^2} \pi \frac{p-1}{p-2}$$

gegeben wird, wo das (endliche) Produkt über alle Primzahlen $\neq 2$ erstreckt ist, die n teilen. Man beachte wieder dieselbe Konstante C_2, die wir im Problem der Primzahlzwillinge gefunden haben, sowie den Nenner mit dem Quadrat des Logarithmus. Die heuristischen Argumente sind ähnlich. Hardy und Littlewood bemerken jedoch, daß Sylvester 1871 und Brun 1915 eine falsche Formel vermutet haben, die jene Relationen, die zu dem Faktor e^γ Anlaß geben, nicht berücksichtigt.

nicht näher auf Details eingehen, die notwendig sind, um die Konstante e^γ zu bestimmen. Ich muß Sie auf den Originalartikel von Hardy/Littlewood oder auf das Buch von Hardy und Wright verweisen.

Um aber zu der Frage zurückzukehren, worüber ich selbst arbeite: mein Freund Hale Trotter und ich, wir haben uns für analoge Probleme interessiert, nämlich für die Primzahlverteilung in einem viel komplizierteren Zusammenhang. Wir haben aber insbesondere dieselbe asymptotische Beziehung wie Hardy/Littlewood für die Primzahlen der Form $n^2 + 1$ – mit derselben Konstanten C_2 (glücklicherweise!) – wiederentdeckt. Mein Artikel mit Trotter beschreibt ein wahrscheinlichkeitstheoretisches Modell, das sich von dem von Hardy/Littlewood völlig unterscheidet. Natürlich ist er nur für jemanden verständlich, der sich auf die Zahlentheorie spezialisiert hat.

Frage. Zwischen reiner und angewandter Mathematik sehe ich keinen rechten Unterschied.

Serge Lang. Auf den ersten Blick gibt es keine Anwendungen dafür, die Anzahl der Primzahlen der Form $n^2 + 1$ zu berechnen. Das bedeutet jedoch nicht, daß es niemals Anwendungen geben wird. Es ist eine mathematikgeschichtliche Tatsache, daß Forschungsergebnisse, die aus rein ästhetischen Gesichtspunkten entstanden sind, auf sehr konkrete Probleme angewandt wurden – manchmal erst nach einem Jahrhundert. Beispielsweise verwendet man heute Teile der Primzahltheorie in der Kodierungstheorie. Soweit ich weiß, verhält es sich mit den von uns diskutierten Sätzen nicht so, es könnte aber sehr wohl sein.

Ich habe Ihnen auch ein Zitat von v. Neumann[8] mitgebracht, das vorzulesen ich bisher noch keine Gelegenheit hatte. Vielleicht ist es jetzt an der Zeit, es zu verlesen. *[Beifall von der Zuhörerschaft.]* Gut, hier ist es.

„Ich halte es für eine relativ gute Annäherung an die Wahrheit – die viel zu kompliziert ist, um etwas anderes als Näherungen zu erlauben –, daß die mathematischen Ideen ihren Ursprung in der Empirie haben, obgleich die Genealogie manchmal lang und dunkel ist. Hat man sie aber einmal gewonnen, beginnt die Sache ein eigenes Leben zu führen und wird besser als kreativ betrachtet, ganz von ästhetischen Motivierungen beherrscht, als mit sonst etwas, insbesondere mit einer empirischen Wissenschaft, verglichen. Es gibt jedoch einen weiteren Punkt, der, wie ich meine, hervorgehoben werden muß. Wenn sich eine mathematische Disziplin weit von ihrer empirischen Quelle entfernt oder mehr noch, wenn es bereits die zweite oder dritte Generation ist, die nur noch indirekt von den aus der ‚Realität' kommenden Ideen inspiriert wird, so wird sie mit sehr schweren Gefahren konfrontiert. Sie wird immer mehr rein ästhetisierend und mehr und mehr *l'art pour l'art*. Das braucht nicht

---

[8] J. v. Neumann, *The Mathematician*, Collected Works I. Oxford: Pergamon Press 1961, 1–9.

weiter schlimm zu sein, wenn das betreffende Gebiet von verwandten Gegenständen umgeben ist, die noch engere Beziehungen zur Empirie haben, oder wenn die Disziplin unter dem Einfluß von Menschen mit einem außerordentlich gut entwickelten Geschmack steht. Aber es besteht die große Gefahr, daß sich der Gegenstand in Richtung des geringsten Widerstands entwickelt; daß sich der so weit von der Quelle entfernte Strom in eine Vielzahl unbedeutender Verästelungen auflöst und die Disziplin eine unorganisierte Masse von Einzelheiten und Vielschichtigkeiten wird. Mit anderen Worten, in großem Abstand von seiner empirischen Quelle oder nach viel ‚abstrakter‘ Inzucht ist ein mathematisches Gebiet in Gefahr zu degenerieren. Zu Beginn ist der Stil gewöhnlich klassisch; wenn er Anzeichen zeigt, barock zu werden, so ist das als ein Gefahrensignal zu werten. Man könnte leicht Beispiele geben, spezifische Entwicklungen in das Barocke und in das sehr stark Barocke zeichnen, aber das würde wiederum zu technisch sein.“

Ich habe gegen die Art, in der sich v. Neumann äußert, einige Einwände. Wenn er lediglich seinen persönlichen Geschmack ausdrückt, schön und gut. Er hat das Recht auf seinen eigenen Geschmack. Im Gegensatz zu ihm verspüre ich aber keinerlei Gefahr darin, Mathematik zu betreiben, für die ich keine Beziehung zu der realen Welt sehe. Während meines Lebens habe ich oft Situationen erlebt, wo gewisse Mathematiker erklärten, bestimmte Forschungsgebiete seien zu „abstrakt“ – v. Neumann würde sagen „barock“. Aber fünfzehn Jahre später führten solche Forschungen, mit anderen kombiniert, zur Lösung klassischer Probleme, die bereits im 19. Jahrhundert gestellt worden sind.

Es gibt ebenso viele Möglichkeiten, in der Zahlentheorie wenig interessante oder triviale Mathematik zu betreiben, wie es sie gibt, ausgehend von empirischen Quellen Mathematik zu betreiben. Was die „Inzucht“ betrifft, so verstehe ich nicht, was v. Neumann meint. Viele der schönsten Entdeckungen in der Mathematik stammen aus der Vereinigung von Zweigen, die ursprünglich sehr weit voneinander entfernt schienen. Ein Wesenszug des mathematischen Genius ist seine Fähigkeit, verschiedene Zweige durch das, was „Inzucht“ genannt werden könnte, zusammenzubringen oder Zweige zu vereinen, die in verschiedene Richtungen streben, grundlegende Gedanken in der Masse von Einzelheiten und Vielschichtigkeiten zu finden, die andere angehäuft haben. Dies bedeutet dann aber keineswegs, daß das Werk der anderen wertlos geworden sei.

Historisch ist es so, daß sich in den 50er Jahren mehrere Zweige der reinen Mathematik parallel zueinander entwickelt haben. V. Neumann war nicht der einzige, der sich über diese Strömungen beklagte, die damals für viele ohne Zusammenhang miteinander schienen, zu abstrakt waren. Aber seit den 60er Jahren konnte man beobachten, wie sich diese einzelnen Ströme in mehreren sehr tiefen und bedeutsamen Gesamtströmen sammelten. Und nicht nur das, sie haben sich sogar mit Gegenständen vereinigt, die vierzig Jahre lang nicht modern waren, und

mit Gegenständen, die seit dem 19. Jahrhundert fast vergessen waren. Es
sind auch alte Vermutungen streng bewiesen worden, weil man in den
letzten fünfzehn Jahren erkannt hat, wie Synthesen zu erfolgen haben,
die seitdem zu den erfolgreichsten in der Geschichte der Mathematik
gehören. Im nachhinein sehen wir also heute, daß die Parallelentwick-
lungen der fünfziger Jahre ein wesentlicher Schritt für jene Synthesen
waren, die folgten.

Ein Herr. Um zu den Primzahlen zurückzukehren: wir akzeptieren,
daß es deren unendlich viele gibt, daß folglich auch unendlich viele Inverse dieser Primzahlen existieren. Stimmt es, daß die Summe dieser
Inversen endlich ist?

Serge Lang. Das ist eine sehr hübsche Frage! Sie wollen die Summe

$$\frac{1}{2} + \frac{1}{3} + \frac{1}{5} + \frac{1}{7} + \frac{1}{11} + \dots$$

nehmen.

Herr. Ja.

Serge Lang. Es geht also um die Summe

$$\sum_{p \leq x} \frac{1}{p}.$$

Nun, wenn ich jemandem in der Zuhörerschaft hätte suggerieren wollen, eine Frage zu stellen, die genau zu dem paßt, was ich vorher gesagt
habe, ich hätte es nicht besser tun können, als den Herrn hier oben an-
zustiften. *[Gelächter.]*

Erinnern wir uns an das Produkt

$$\prod_{p \leq x} \left(1 - \frac{1}{p} \right).$$

Und eben haben wir eine Summe mit $\frac{1}{p}$ geschrieben. Die beiden Ausdrücke ähneln sich: einer ist multiplikativ gebildet, der andere additiv.
Doch die Tatsache, daß sie ähnlich aussehen, ist ganz und gar nicht zufällig und rührt genau von dem Logarithmus her, den ich aus Zeitgrün-
den nicht näher diskutieren konnte. Aber wenn Sie mir zwei Minuten
geben ... Der Logarithmus hat zwei einfache Eigenschaften. Die erste
heißt

$$\log(ab) = \log a + \log b.$$

Mit anderen Worten, der Logarithmus eines Produkts ist gleich der
Summe der Logarithmen. Wenn Sie den Logarithmus kennen, dann
kennen Sie diese Eigenschaft.

Die zweite Eigenschaft ist, daß $\log(1 + t)$ bei sehr kleinem t näherungsweise gleich t ist. Daher ist $\log(1 - t)$ näherungsweise gleich $-t$.

Angenommen, ich bilde nun den Logarithmus des Produkts. Weil der Logarithmus eines Produkts gleich der Summe der Logarithmen ist, erhalten wir

$$\log \prod_{p \leq x} \left(1 - \frac{1}{p}\right) = \sum_{p \leq x} \log \left(1 - \frac{1}{p}\right).$$

Aber $\log(1 - 1/p)$ ist angenähert gleich $-1/p$. Daher ist unsere Summe näherungsweise gleich

$$\sum_{p \leq x} \log \left(1 - \frac{1}{p}\right) \sim - \sum_{p \leq x} \frac{1}{p},$$

also jener Summe, die der Herr betrachten wollte. Es ist ein Satz, den man durch Analysieren der Summe beweist, daß asymptotisch

$$\sum_{p \leq x} \frac{1}{p} \sim \log \log x$$

gilt. Weil der Logarithmus sehr langsam wächst, wächst der iterierte Logarithmus noch viel langsamer. Aber er wächst, und die Summe ist sehr interessant. Folglich ist die Summe der Inversen $1/p$, erstreckt über alle Primzahlen p, keineswegs endlich.

Sie sehen also, untersucht man diese Summe, dann stößt man auf $\log \log x$. Um das Produkt zu untersuchen, wendet man die inverse Operation an, bildet die Exponentialfunktion und bekommt $\log x$. Unter Beachtung des Minuszeichens findet man, daß

$$\prod_{p \leq x} \left(1 - \frac{1}{p}\right) \quad \text{näherungsweise gleich} \quad \frac{1}{\log x}$$

ist, und dies stimmt genau mit dem überein, was wir zuvor schon hatten. Alles gehört zum selben Ideenkreis. Der Herr bekommt eine „Eins plus".

Frage. Sehen Sie Anwendungen der Primzahltheorie in den Naturwissenschaften?

Serge Lang. In den Naturwissenschaften? Sie meinen Physik, Chemie, Biologie? Ich sehe keine, aber die Geschichte der Mathematik lehrt, daß Gegenstände, die als „rein" betrachtet worden sind, jederzeit die unerwartetsten konkreten Anwendungen haben können. Ich kann nicht voraussagen, was sich ereignen wird. Ich kenne keine, aber das heißt nicht, daß es keine gibt, denn ich weiß praktisch nichts über Physik und Chemie. Es kann also Anwendungen geben, die mir nicht bekannt sind. Ebensowenig kann ich voraussagen, daß es keine geben wird, und in der Tat tue ich genau das Gegenteil: ich sage, daß es jederzeit welche geben kann. Beispielsweise haben während der letzten paar Jahre rein mathematische Theorien in Differentialgeometrie oder Topologie, die vor zehn oder zwanzig Jahren entdeckt worden sind, plötzlich Anwendungen auf die Theorie der Elementarteilchen in der Physik gefunden!

Ich versuche, Absolutbehauptungen zu vermeiden, sei es in die eine oder in die andere Richtung. Ich habe Ihnen erzählt, was mir gefällt; ich zeige Ihnen, was mir gefällt. Und ich hoffe, daß es Ihnen auch gefällt. Wenn dies funktioniert, dann ist das alles, was ich wollte.

Zusatz

Frage. Und die Riemannsche Vermutung, die Sie zuvor erwähnt haben. Können Sie uns sagen, was das ist?

Serge Lang. Ja. Es handelt sich darum, eine genauere Beschreibung des Fehlerglieds in der Formel für die Anzahl der Primzahlen zu geben. Das Glied $x/\log x$ ist nur eine sehr grobe Näherung, selbst asymptotisch. Es gibt einen anderen Ausdruck, der eine viel bessere Approximation liefert.

Ich erinnere daran, daß wir einen gewissen Bruchteil

$$e^\gamma F(x) \quad \text{oder auch} \quad \frac{1}{\log x}$$

gefunden haben, den wir jetzt die Primzahldichte oder auch die Wahrscheinlichkeit dafür nennen wollen, daß x asymptotisch eine Primzahl ist. Danach sagten wir, daß $\pi(x)$ asymptotisch gleich dem Produkt dieser Dichte mit x ist, d.h.

$$\pi(x) \sim \frac{1}{\log x} x.$$

Aber wir können etwas Besseres tun, als dieses Produkt zu verwenden, weil $\log x$ mit x variiert. Wir bekommen eine viel bessere Formel, wenn wir die Summen der Dichten von 2 bis x nehmen, die wir mit $L(x)$ bezeichnen. Das bedeutet, wir setzen

$$L(x) = \frac{1}{\log 2} + \frac{1}{\log 3} + \frac{1}{\log 4} + \frac{1}{\log 5} + \ldots + \frac{1}{\log x} = \sum_{n=2}^{x} \frac{1}{\log n}.$$

Dann haben wir also die asymptotische Beziehung

$$\pi(x) \sim L(x) \sim \frac{x}{\log x},$$

aber $L(x)$ gibt eine viel bessere Näherung von $\pi(x)$ als $x/\log x$. Die Riemannsche Vermutung besagt

$$\pi(x) = L(x) + O(\sqrt{x}\ \log x),$$

wobei $O(\sqrt{x}\ \log x)$ ein Fehlerglied ist, das durch $C\sqrt{x}\ \log x$ beschränkt wird, wo C eine gewisse Konstante ist. Da $\sqrt{x}$ und $\log x$ sehr klein sind, verglichen mit x, sehen wir, daß $L(x)$ eine sehr gute Approximation von $\pi(x)$ liefert.

Die Riemannsche Vermutung erlaubt auch, die Beziehung zwischen dem Produkt $F(x)$ und $1/\log x$ besser zu verstehen. In der Tat weiß ich von H. Montgomery, daß sie die Relation

$$e^{\gamma}F(x)x = \frac{x}{\log x} + O(\sqrt{x})$$

nach sich zieht, wobei $O(\sqrt{x})$ wiederum ein durch $C\sqrt{x}$ beschränktes Fehlerglied ist, mit einer geeigneten Konstanten C. Daher ergeben die Ausdrücke $e^{\gamma}F(x)x$ und $x/\log x$ etwa dieselbe Näherung für $\pi(x)$, und beide sind schlechter als $L(x)$.

Bibliographie

V. BRUN: Über das Goldbachsche Gesetz und die Anzahl der Primzahlpaare. *Archiv for Mathematik og Naturvidenskab* (Christiania) **34** Part 2 (1915), 1–15.

G. H. HARDY: *A Mathematician's Apology*. Cambridge: Cambridge University Press 1969.

G. H. HARDY; J. E. LITTLEWOOD: Some problems of Partitio Numerorum. *Acta Math.* **44** (1923), 1–70.

G. H. HARDY; E. M. WRIGHT: *An Introduction to the Theory of Numbers*. 4th Edition. Oxford: Oxford University Press 1980 (deutsche Übersetzung der 3. Aufl.: Einführung in die Zahlentheorie. München: R. Oldenbourg 1958).

A. E. INGHAM: *The Distribution of Prime Numbers*. New York: Hafner Publishing Company 1971 (reprinted from Cambridge University Press).

S. LANG; H. TROTTER: *Frobenius Distribution in GL_2-extensions*. Lecture Notes in Mathematics, Vol. 504. New York: Springer-Verlag 1976.

J. J. SYLVESTER: On the partition of an even number into two prime numbers. *Nature* **55** (1896–1897), 196–197 (= *Math. Papers* **4**, 734–737).

D. ZAGIER: *Die ersten 50 Millionen Primzahlen*. In: Lebendige Zahlen. Mathematische Miniaturen 1. Basel: Birkhäuser 1981.

Ein lebendiges Tun:
Mathematik betreiben

Diophantische Gleichungen

15. Mai 1982

Zusammenfassung: *Bereits in der Antike interessierte man sich für das Lösen von Gleichungen in ganzen oder rationalen Zahlen. Ich habe versucht, einige Grundprobleme darzulegen, die noch ungelöst sind. Euklid und Diophant haben bereits die Gleichung $a^2 + b^2 = c^2$ gelöst und eine Formel für alle Lösungen angegeben. Gleichungen des nächsten Schwierigkeitsgrades wie $y^2 = x^3 + ax + b$ führen zu großen Problemen, die seit dem 19. Jahrhundert im Mittelpunkt der Mathematik stehen. Niemand kann ein effektives Verfahren angeben, um alle Lösungen zu finden. Ich habe einige dieser Strukturen beschrieben, die derartige Lösungen haben, sowie das Umfeld, in dem man eine solche Lösung finden sollte.*

Im Mai 1981 hat Serge Lang während eines kurzen Aufenthalts in Paris für uns eine Vorlesung über Primzahlen gehalten und dabei einige der Motive dargelegt, die Mathematiker dazu führen, „Mathematik zu betreiben".

Das Willkommen, das ihm durch die Zuhörerschaft bereitet wurde, der Wissensdurst und der Enthusiasmus einiger Studenten, die seinem Vortrag beigewohnt haben, ermutigten ihn, das Experiment dieses Jahr zu wiederholen, und wir sind dafür dankbar.

Der folgende Text ist in demselben Geist wie jener vom letzten Jahr geschrieben, d. h., er bewahrt so weit wie möglich Serge Langs lebendigen Ton und Stil. Bis auf eine Auslassung sowie ein paar Zusätze gibt er den Gedankenaustausch getreu wieder. Die Auslassung bezieht sich auf eine Debatte über Probleme des Unterrichts an höheren Schulen. Sie war einerseits zu allgemein, andererseits aber auch zu persönlich, und weil die Fragen den Gegenstand nicht zu erhellen schienen, haben wir beschlossen, sie wegzulassen. Da übrigens Serge Lang lieber Dinge *tut*, statt darüber zu sprechen, „was getan werden könnte", kann der Leser, der gern genauer wissen möchte, wie sich Serge Lang ein Mathematikbuch dieses Niveaus vorstellt, seine *Basic Mathematics*[1] oder das zusammen mit Gene Murrow geschriebene Buch *Geometry*[2] konsultieren.

Die Zusätze handeln von mathematischen Fragen, die aus Zeitmangel nicht diskutiert werden konnten. Sie illustrieren in gewisser Weise die Geduld und Freundlichkeit, mit der Serge Lang in den folgenden Wochen bereit war, alle meine Fragen zu beantworten, jene eingeschlossen, die heute ziemlich naiv erscheinen. Ich möchte ihm bei dieser Gelegenheit hierfür danken.

Die letzten Seiten dieses Kapitels, die sich mit Vermutungen über die „Größe" von Lösungen befassen, sind wenige Monate später hinzugefügt worden und zeigen gleichzeitig, wenn es noch notwendig sein sollte, daß die Vorlesung von lebendiger Mathematik gehandelt hat, von Mathematik, die sich weiterentwickelt. Man hätte keinen besseren Beweis für die Vitalität und Aktualität mathematischer Forschung finden können: die Mordellsche Vermutung (S. 68), die etwa sechzig Jahre alt ist, wurde von dem deutschen Mathematiker Gerd Faltings bewiesen. Dieses herausragende Ergebnis beruhte einerseits auf der Nutzung der ausgedehnten Ressourcen der algebraischen Geometrie, die vor allem während der letzten dreißig Jahre entstanden sind, und stützte sich andererseits auf die Arbeiten der sowjetischen Mathematikerschule. Eine derartige Situation tritt in der Mathematik relativ häufig auf, wenn zu der von einer sehr aktiven mathematischen Gemeinde geleisteten Arbeit ein hoher persönlicher Einsatz hinzukommt.

Jean Brette

---

[1] Reading, Mass.: Addison-Wesley 1971. Nachdruck: New York: Springer-Verlag 1988.
[2] New York: Springer-Verlag 1983.

Die Vorlesung

Serge Lang. Ziel dieses Vortrags ist es wieder, miteinander Mathematik zu betreiben. Für jene, die voriges Jahr nicht hier waren, will ich mit ein paar allgemeineren Kommentaren beginnen. Letztes Mal habe ich gefragt: „Was bedeutet für Sie Mathematik?" Einige antworteten: „Umgang mit Zahlen, Umgang mit Strukturen." Und wenn ich gefragt hätte, was Musik für Sie bedeutet, würden Sie geantwortet haben: „Umgang mit Noten"? So frage ich wieder: Was bedeutet für Sie Mathematik?

Ein Herr. Es geht darum, mit Zahlen zu arbeiten.

Serge Lang. Nein, nein! Es geht nicht darum, mit Zahlen zu arbeiten.

Ein Gymnasiast. Es geht darum, ein Problem zu lösen.

Serge Lang. Da kommen Sie der Sache näher. Ein Problem lösen. Das ist es, was ich Ihnen letztes Mal zu zeigen versucht habe, daß es eben nicht nur darum geht, mit etwas umzugehen. Es steckt viel tiefer in unserer Psychologie, und unglücklicherweise gibt es nichts oder fast nichts, ausgenommen einige überdurchschnittlich begabte Lehrer, es gibt nichts in unseren Grundschulen oder höheren Schulen, das die Leute erkennen lassen würde, was Mathematik wirklich ist oder was es bedeutet, Mathematik zu betreiben. Soeben vor der Vorlesung habe ich in Herrn Brettes Büro (er hat diese Veranstaltung organisiert) in ein Lehrbuch der zehnten Klasse geschaut. Da kommt einem die Galle hoch! *[Raunen in der Zuhörerschaft.]* Wirklich, in jeder Hinsicht: die ganze Zusammenhangslosigkeit vom Anfang bis zum Ende; die kleinen Probleme, die nichts bedeuten; die Trockenheit der Ausführung … Es ist zum Verzweifeln. *[Bewegung in der Zuhörerschaft, einige Lacher.]*

Frage. Können Sie uns den Namen des Buches nennen?

Serge Lang. Oh! Ich hätte es hier herunterbringen können, ich hätte nichts dagegen. Sie wissen, ich scheue mich nicht davor zu sagen, was ich denke. Aber ich habe es oben liegenlassen. Schließlich sind diese Dinge praktisch alle gleich. *[Gelächter.]* Sie wissen, daß diese Dinge gleichartig sind. Jetzt dagegen will ich versuchen, Ihnen etwas anderes zu zeigen, Ihnen zu zeigen, warum Mathematiker Mathematik betreiben und ihr Leben damit verbringen. Darum soll es im folgenden gehen.

Letztes Mal haben wir auch über die Rolle von reiner und angewandter Mathematik gesprochen, und ich habe ein Zitat von v. Neumann vorgelesen, in dem er sich abweisend über das äußerte, was er „barocke" Mathematik nannte. Er sagte:

„Wenn sich eine mathematische Disziplin weit von ihrer empirischen Quelle entfernt oder mehr noch, wenn es bereits die zweite oder dritte Generation ist, die nur noch indirekt von den aus der ‚Realität' kommenden Ideen inspiriert wird, so wird sie mit sehr schweren Gefahren konfrontiert. Sie wird immer mehr rein ästhetisierend und mehr und mehr *l'art pour l'art* … in großem Abstand von seiner empirischen Quelle … ist ein mathematisches Gebiet in Gefahr zu degenerieren."

So beklagte er sich. Doch es gibt von ihm auch ein anderes Zitat, das man jenen vorlesen sollte, die uns mit dem ersten ärgern und das zweite nicht kennen oder nicht erwähnen. Ich will es Ihnen vorlesen:

„Aber ein großer Teil der Mathematik, der nützlich wurde, hat sich ohne jegliche Absicht, nützlich zu sein, entwickelt, und das in Situationen, in denen möglicherweise niemand wissen konnte, auf welchem Gebiet er nützlich werden würde. Es gab überhaupt keine Anzeichen dafür, daß er jemals nützlich werden könnte. Im großen und ganzen ist es in der Mathematik so, daß zwischen einer mathematischen Entdeckung und dem Moment, in dem sie nützlich wird, ein Zeitverzug besteht, und daß dieser dreißig bis hundert Jahre betragen kann, in manchen Fällen sogar noch mehr, und daß das ganze System ohne irgendeine Richtung, ohne irgendeinen Bezug zum Nutzen zu funktionieren scheint ... Das gilt für alle Naturwissenschaften. Fortschritte resultieren weitgehend daraus, daß man vollständig vergißt, was man einst gewollt hatte oder weshalb man etwas einst gewünscht hat, daß man sich weigert, Dinge zu untersuchen, die Nutzen bringen, und sich nur von den Kriterien der intellektuellen Eleganz leiten läßt. Gerade durch die Befolgung dieser Regeln ist man wirklich vorangekommen, viel besser, als es auf einem streng utilitaristischen Kurs möglich gewesen wäre.

Ich denke, daß dieses Phänomen in der Mathematik sehr gut untersucht werden kann und daß jeder Naturwissenschaftler sehr wohl in der Lage ist, sich selbst von der Richtigkeit dieser Ansichten zu überzeugen. Ich halte es für außerordentlich instruktiv, die Rolle der Naturwissenschaften im täglichen Leben zu beobachten und zu bemerken, wie auf diesem Gebiet das Prinzip des *Laissez faire* zu seltsamen und wunderbaren Resultaten geführt hat." [v. N.]

Man braucht nur entgegengesetzte Dinge zu sagen, um immer recht zu haben. *[Gelächter.]*

Gut, genug der allgemeinen Erklärung, wir wollen Mathematik treiben.

Ich bin natürlich gezwungen, wie ich bereits letztes Jahr gesagt habe, Gegenstände zu wählen, die im Prinzip für jedermann verständlich sind. Dies bedeutet, daß das meiste aus der Mathematik vollständig ausgeschlossen bleiben muß. Und in der Tat werden auch in dem heute gewählten Gegenstand Zahlen vorkommen. Aber es ist nicht so sehr das Auftreten von Zahlen, worauf es ankommt, als vielmehr die Art und Weise, wie wir mit ihnen umgehen und über sie nachdenken.

Beginnen wollen wir ohne Zahlen, so wie Pythagoras es getan haben könnte, indem wir ein rechtwinkliges Dreieck mit den Seiten a, b, c nehmen. Ich denke, jedermann erinnert sich an den Satz des Pythagoras; was sagt er aus? *[Serge Lang zeigt auf einen jungen Mann in der Zuhörerschaft; Gelächter.]*

Junger Mann. Die Summe der Quadrate ...

Serge Lang. Ja, also, was ist das erste Quadrat? Es ist a ...

Junger Mann. *a* Quadrat plus *b* Quadrat ist gleich *c* Quadrat.

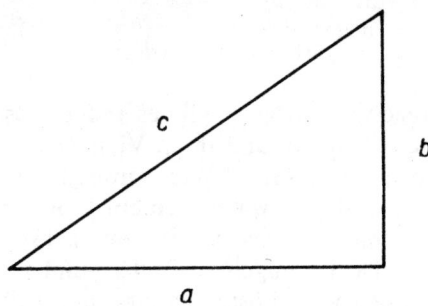

Serge Lang. Das ist richtig, die Gleichung lautet

$$a^2 + b^2 = c^2.$$

Nun, kennen Sie irgendwelche Lösungen dieser Gleichung in ganzen Zahlen? Jeder weiß, was eine ganze Zahl ist? 1, 2, 3, 4, 5, 6 usw. So, gibt es Lösungen in ganzen Zahlen?

Zuhörerschaft. 3, 4, 5.

Serge Lang. Nein warten Sie! Ich frage den Burschen hier. *[Gelächter.]* Lassen Sie mich wählen. *[Wieder Gelächter.]* Und überhaupt, die Spielregeln: Es gibt wahrscheinlich und sogar sicherlich in der Zuhörerschaft eine Anzahl von Mathematikern. Diese bitte ich, nicht einzugreifen. Nicht für sie halte ich diesen Vortrag, und wenn sie eingreifen, ist es Betrug! Gut, kehren wir zu dem jungen Mann hier oben zurück. Geben Sie mir eine Lösung.

Junger Mann. 3 Quadrat plus 4 Quadrat ist gleich 5 Quadrat.

Serge Lang. Ja. Nun, gibt es eine andere? Gut, wir wollen abstimmen, wir machen das ganz demokratisch. Sie, mein Herr, sagen „Nein". Der Herr hier oben meint, die Antwort sei „Ja". Wer sagt „Nein"? Heben Sie Ihre Hand! Wer sagt „Ja"? Es gibt eine ganze Menge Ja-Stimmen. Diejenigen, die „Ja" sagen, mögen mir eine andere Lösung angeben. Mein Herr?

Der Herr. *[Keine Antwort.]*

Serge Lang. Sie haben „Ja" gesagt.

Herr. Ich weiß, daß es viele andere Lösungen gibt, aber es ist etwas schwierig, welche zu nennen.

Serge Lang. Ganz recht, gibt es jemanden, der eine andere kennt?

Zuhörerschaft. 5, 12, 13.

Serge Lang. Das stimmt, $25 + 144 = 169$.

Ein Gymnasiast. Wenn Sie eine haben, (a, b, c), und *d* irgendeine Zahl ist, so funktioniert es auch mit (da, db, dc).

Serge Lang. Richtig, wenn (a, b, c) eine Lösung ist und man sie mit einer ganzen Zahl d multipliziert, dann bekommt man eine andere Lösung:

$$(da)^2 + (db)^2 = (dc)^2.$$

Daher lautet die Frage vernünftig so: gibt es andere Lösungen außer den beiden, die wir bereits kennen, und ihren Vielfachen?

Wer sagt „Ja"? Wer sagt „Nein"? Wer schweigt vorsichtshalber? *[Gelächter.]* In jedem Falle stehen wir vor einem Problem, das bereits die Griechen gekannt haben. Nun, was wir in den nächsten fünf oder zehn Minuten tun werden, ist, Lösungen zu finden, und zwar alle. Ich habe gesagt, daß es unendlich viele Lösungen gibt, und will das jetzt beweisen. Aber wie? Ich schreibe sie alle nacheinander auf. Doch da dies nicht möglich ist, weil es deren unendlich viele gibt, brauche ich eine allgemeine Methode. So beginnen wir damit, das Problem ein bißchen zu transformieren. Wenn ich die Gleichung $a^2 + b^2 = c^2$ durch c^2 dividiere, ergibt sich

$$\left(\frac{a}{c}\right)^2 + \left(\frac{b}{c}\right)^2 = 1.$$

Ich setze $x = a/c$ und $y = b/c$. Dann wird aus der Gleichung $a^2 + b^2 = c^2$

$$x^2 + y^2 = 1.$$

Und wenn a, b, c ganze Zahlen sind, was werden x, y dann für Zahlen sein?

Zuhörerschaft. Rationale Zahlen.

Serge Lang. Das ist richtig. Infolgedessen ist zum Finden einer oder aller Lösungen von $a^2 + b^2 = c^2$ in ganzen Zahlen äquivalent, alle Lösungen von $x^2 + y^2 = 1$ in rationalen Zahlen zu ermitteln. Denn wenn ich umgekehrt eine Lösung (x, y) in rationalen Zahlen habe, so kann ich jede Zahl als einen Bruch mit einem gemeinsamen Nenner c schreiben. Dann schaffe ich die Nenner weg und finde eine Lösung von $a^2 + b^2 = c^2$ in ganzen Zahlen. Das Problem besteht jetzt darin, alle Lösungen von $x^2 + y^2 = 1$ in rationalen Zahlen zu finden.

Wissen Sie, was die Gleichung $x^2 + y^2 = 1$ darstellt? Was ist ihr Graph?

Zuhörerschaft. Ein Kreis.

Serge Lang. Ja, wir können ihn hier zeichnen. Es ist ein Kreis vom Radius 1 mit dem Mittelpunkt im Ursprung der Achsen. Wir haben ein Dreieck mit der Hypotenuse 1 und den Katheten x, y. Nun läßt sich unser Problem so formulieren, daß wir sagen, es sind alle rationalen Punkte auf dem Kreis zu ermitteln, d. h. alle Punkte, deren Koordinaten x und y rationale Zahlen sind.

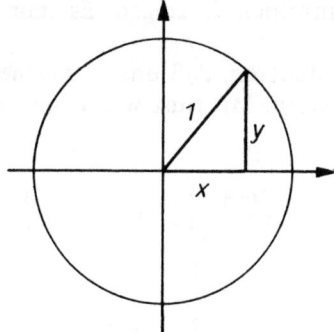

Bevor ich *alle* Lösungen finde, schreiben wir eine Menge von ihnen auf. Ich setze

$$x = \frac{1 - t^2}{1 + t^2} \quad \text{und} \quad y = \frac{2t}{1 + t^2}.$$

Ich schreibe diese Formeln …

Ein Herr A *[aggressiv]*. Aber Sie haben sich das „einfach so" überlegt…

Serge Lang. Nein, ich habe mir das nicht „einfach so" überlegt, aber jemand hat vor langer Zeit sich das „einfach so" überlegt.

Herr A *[ironisch]*. Oh ja? Wirklich, ganz plötzlich?

Serge Lang. Nein, natürlich nicht, er spielte mit Mathematik, er schaute auf eine Menge Dinge und erkannte dann, daß sich so Lösungen ergeben. Als er das erkannte, betrieb er Mathematik, und er war ein guter Mathematiker. Aber nachdem er es einmal entdeckt hatte, benutzten die nächsten Generationen sein Resultat und kopierten es. Das ist alles, was ich getan habe, ich behaupte nichts anderes.

Herr A. Meinen Sie nicht, daß dies aber genau die Schwierigkeit für jemanden ist, der nicht Bescheid weiß, wie man solche Resultate findet, mit denen sich effektiv Mathematik betreiben läßt?

Serge Lang. Wo ein Mathematiker nach diesen Kunstgriffen sucht, ist nicht zu erklären. Jeder Mathematiker angelt sie sich, wo immer er kann. Ich versuche im Moment, Ihnen eine vollständige Lösung des Problems zu bieten. Danach will ich Ihnen andere ungelöste Probleme vorstellen. Sie können an ihnen arbeiten … Sie können selbst nach ihnen angeln, und wenn etwas anbeißt und Sie einen großen Fisch fangen, dann bekommen Sie eine Goldmedaille oder eine Schokoladenmedaille.

Ein anderer. Es kommt von der Trigonometrie, nicht wahr?

Serge Lang. Es kommt, wovon immer Sie wollen. Ich habe jetzt keine

Zeit, Ihnen das im einzelnen zu zeigen. Es stammt von vielen Stellen gleichzeitig.[3]

Nun wollen wir verifizieren, daß unsere Formeln tatsächlich Lösungen von $x^2 + y^2 = 1$ liefern. Mit ganz wenig algebraischem Können findet man:

$$x^2 = \frac{1 - 2t^2 + t^4}{1 + 2t^2 + t^4}, \quad y^2 = \frac{4t^2}{1 + 2t^2 + t^4}$$

und daher

$$x^2 + y^2 = \frac{1 + 2t^2 + t^4}{1 + 2t^2 + t^4} = 1.$$

Wir haben somit eine Identität gefunden, die für alle Werte von t gilt. Angenommen, ich setze für t eine rationale Zahl ein. Was erhalte ich für x und y?

---

[3] Die Frage, woher diese Formeln stammen, wird oft gestellt, und bis heute wußte ich die Antwort nicht. Da die Zuhörerschaft so heftig reagierte, sowohl während des Vortrags als auch danach, habe ich mich entschlossen, mich näher über die Geschichte dieser Formeln zu informieren. Bereits die Griechen waren an den Lösungen von $a^2 + b^2 = c^2$ in ganzen Zahlen interessiert. Euklid (3. Jh. v. u. Z.) kannte schon die Formeln

$$a = m^2 - n^2, \quad b = 2mn, \quad c = m^2 + n^2$$

mit ganzen Zahlen m, n. Diophant (3. Jh. u. Z.) war bekannt, wie mit Brüchen umzugehen ist, und er wußte auch, daß man, wenn man diese Formeln durch $m^2 + n^2$ dividiert und $t = m/n$ setzt, jene Formeln zurückerhält, die ich oben aufgeschrieben habe. Daher kamen diese Formeln sicher nicht aus der „Trigonometrie“. Diophant war daran interessiert, rationale Lösungen von Gleichungen der Art zu finden, wie wir sie betrachtet haben und später noch betrachten werden. Die Suche nach diesen Lösungen ist heute unter dem Namen „diophantische Probleme“ bekannt. Die Gleichungen heißen „diophantische Gleichungen“. Siehe [Di], insbesondere Buch VI, wo Diophant unter Benutzung der Formeln Probleme über pythagoreische Dreiecke mit zusätzlichen Bedingungen löst. Hinsichtlich der Umkehrung siehe auch das Ende dieser Vorlesung sowie [La-Ra]. Da es den Leser vielleicht interessiert, wie sich Diophant ausgedrückt hat, gebe ich hier die ersten paar Zeilen von Problem XVIII aus Buch VI wieder:

„Zu finden ein rechtwinkliges Dreieck, so daß der Zahlenwert seines Flächeninhalts, vermehrt um den Zahlenwert seiner Hypotenuse, einen Kubus bildet und der Zahlenwert seines Umfangs ein Quadrat ist.

Wenn wir wie in der vorhergehenden Aussage ansetzen, daß der Zahlenwert des Flächeninhalts 1 arithme ist und daß der Zahlenwert der Hypotenuse eine kubische Größe von Einheiten minus 1 arithme ist, dann gelangen wir dazu, nach einem Kubus zu suchen, welcher, um zwei Einheiten vermehrt, ein Quadrat ist ...“

Es gibt über 300 Seiten in diesem Stil.

Zuhörerschaft. ???

Serge Lang. Wir erhalten rationale Zahlen. Wir erhalten sie aus t durch Additionen, Subtraktionen, Multiplikationen und Divisionen. Daher erhalten wir rationale Zahlen.

Zuhörerschaft. Ja.

Serge Lang. Nehmen wir ein Beispiel! Jemand – Sie, meine Dame – möge mir einen Wert für t geben.

Dame. Einhalb.

Serge Lang. Danke. Wir setzen $t = 1/2$ und rechnen ein wenig:

$$x = \frac{1 - 1/4}{1 + 1/4} = \frac{3/4}{5/4} = \frac{3}{5}$$

und

$$y = \frac{2 \cdot 1/2}{1 + 1/4} = \frac{1}{5/4} = \frac{4}{5}.$$

Es ergibt sich also wieder das Dreieck 3, 4, 5. Gut, 1/2 ist nicht sehr groß, und es ist nicht verwunderlich, daß wir dieselbe Lösung in ganzen Zahlen gefunden haben, die wir bereits kannten. Nun, wenn Sie die Rechnung mit einem anderen Bruch ausführen, vielleicht einem, der nicht so einfach ist, werden Sie andere Lösungen finden. Wollen Sie mir einen anderen Bruch geben?

Dame. 2/3.

Serge Lang. Schön, rechnen wir schnell:

$$x = \frac{1 - 4/9}{1 + 4/9} = \frac{9 - 4}{9 + 4} = \frac{5}{13},$$

$$y = \frac{2 \cdot 2/3}{1 + 4/9} = \frac{4/3}{13/9} = \frac{12}{13}.$$

Jetzt haben wir die Lösung 5, 12, 13 wieder erhalten, die bereits jemand genannt hat. Es ist klar, daß Sie mit irgendeinem Bruch t oder einer ganzen Zahl t fortfahren können. Wenn Sie zum Beispiel $t = 154/295$ einsetzen, bekommen Sie Werte für x und y, die sehr viel größer sind und Lösungen ergeben. Auf diese Weise sieht man, wie man unendlich viele Lösungen gewinnen kann. Es ist ein Satz, daß man sie alle außer einer erhält: $x = -1$ und $y = 0$ läßt sich durch solche Einsetzungen in die Formel nicht ermitteln. Aber alle anderen Lösungen (x, y) in rationalen Zahlen kann man nach diesem Verfahren bekommen, indem man in die Formeln

$$x = \frac{1 - t^2}{1 + t^2} \quad \text{und} \quad y = \frac{2t}{1 + t^2}$$

für t einen rationalen Wert einsetzt. Da ich mich noch ausführlicher mit einem anderen Gegenstand beschäftigen will, übergehe ich jetzt den Beweis dafür, daß dies alle Lösungen außer der einen liefert. Vielleicht bleibt später Zeit für diesen Beweis, nach dem Vortrag.

Herr A. Sie haben gesagt, man „sieht", daß es unendlich viele Lösungen gibt. Wer „sieht" es?

Serge Lang. Wenn Sie in diese Formeln unendlich viele Werte von t einsetzen, bekommen Sie unendlich viele x-Werte.

Herr A. Aber es ist nicht leicht zu sehen.

Serge Lang. Doch, das ist es! Aber ich will jetzt nicht auf die Einzelheiten eingehen.

Herr A. Aber das heißt doch, daß es nicht sehr leicht zu sehen ist. *[Tosender Lärm in der Zuhörerschaft.]*

Serge Lang. Es hängt davon ab, wer darauf schaut, es hängt davon ab, wie gut Ihre Augen sind. *[Gelächter.]*[4]

Gut, wir haben gerade die Gleichung $x^2 + y^2 = 1$ betrachtet. Angenommen, wir wollen diese Gleichung verallgemeinern und andere untersuchen, die komplizierter sind. Was wird der nächstkomplizierte Gleichungstyp sein, den wir ansehen sollten? Greifen wir jemanden heraus. Meine Dame.

Dame. Man ersetze 1 durch eine andere Zahl.

Serge Lang. Das ist eine Möglichkeit. Wir können $x^2 + y^2 = D$ studieren. Es gibt dafür eine Theorie, die ganz ähnlich zu jener ist, die wir eben kennengelernt haben. Lassen Sie mich darüber hinweggehen.

Zuhörerschaft. Man betrachte die Gleichung $x^2 + y^2 + z^2 = D$.

Serge Lang. Sehr gut, wir können die Anzahl der Variablen erhöhen. Dies führt auf einige hochinteressante Fragen. Aber ich versuche, Sie in eine bestimmte Richtung zu lenken; ich versuche Ihnen zu suggerieren, was ich sagen möchte.

Zuhörerschaft. Ersetzen wir das Quadrat durch eine dritte Potenz.

Serge Lang! Das ist es. Beispielsweise die Gleichung $x^3 + y^2 = D$, die sich ergibt, indem man 2 durch 3 ersetzt. Wir wollen sie in der klassischen Form schreiben:

$$y^2 = x^3 + D.$$

---

[4] Wie Sie es auch betrachten, Sie werden sofort die Antwort finden. Zum Beispiel gilt die Gleichung

$$x(1 + t^2) = 1 - t^2, \quad \text{also} \quad (1 + x)t^2 = 1 - x \quad \text{und} \quad t^2 = \frac{1 - x}{1 + x}.$$

Somit entspricht jedem Wert von x ein Wert von t oder $-t$, und höchstens zwei t-Werte ergeben denselben Wert von x.

Man kann auch bemerken, daß, wenn t von 0 bis 1 wächst, $1 - t^2$ abnimmt, während $1 + t^2$ wächst, also $x = (1 - t^2)/(1 + t^2)$ von 1 auf 0 abnimmt. Insbesondere ergeben verschiedene t-Werte auch verschiedene x-Werte.

Beispielsweise $y^2 = x^3 + 1$. Gibt es unendlich viele Lösungen? Gibt es überhaupt eine?

Zuhörerschaft. Ja. 2 und 3, da $3^2 = 2^3 + 1$ ist.

Serge Lang. Gibt es noch eine?

Zuhörerschaft. $x = 0$, $y = 1$; und $x = -1$, $y = 0$.

Serge Lang. Gut, wir haben drei Lösungen. Gibt es eine weitere?

Zuhörerschaft. $x = 0$, $y = -1$.

Serge Lang. Das ist richtig, wegen des Quadrats kann man y oder $-y$ nehmen. Insgesamt haben wir die fünf Lösungen:

$$x = 0, \ y = \pm 1; \quad x = -1, \ y = 0; \quad x = 2, \ y = \pm 3.$$

Gibt es andere Lösungen? Wer sagt „Ja"? Heben Sie Ihre Hand! Wer sagt „Nein"? Wer hüllt sich in vorsichtiges Schweigen?

Es ist überhaupt nicht trivial. Die Schwierigkeit, für diese Gleichung und andere ähnliche Lösungen zu finden, ist viel größer als für die Gleichung $x^2 + y^2 = 1$. Es ist ein Satz, daß es keine weitere Lösung gibt. Doch es ist völlig ausgeschlossen, dies hier zu beweisen.

Nun, wer weiß etwas über graphische Darstellungen (Graphen)? Wissen Sie, wie ein Graph zu zeichnen ist? Wer weiß es nicht? Heben Sie die Hand, so daß ich es sehen kann. *[Ein paar Hände gehen in die Höhe.]* Gut, ich will kurz erläutern, was ein Graph ist.

Angenommen, ich habe hier auf dieser Achse x-Werte und auf der anderen Achse y-Werte, und jedes x ist eine reelle Zahl. Irgendeine reelle Zahl x erhebe ich in die dritte Potenz, addiere 1 und finde dann zwei Werte für y:

$$y = \sqrt{x^3 + 1} \quad \text{und} \quad y = -\sqrt{x^3 + 1}\,.$$

Beispielsweise:

$$\text{wenn } x = 1, \text{ so } y = \pm\sqrt{2}\,;$$
$$\text{wenn } x = 2, \text{ so } y = \pm 3;$$
$$\text{wenn } x = 3, \text{ so } y = \pm\sqrt{28}\,;$$
$$\text{wenn } x = -1, \text{ so } y = 0.$$

Wenn x negativ und kleiner als -1 ist, dann ist $x^3 + 1$ negativ, und es gibt keinen entsprechenden Wert für y. Wenn andererseits x unbeschränkt wächst, so wächst auch y. Jedem x entsprechen Werte y und $-y$ wie in der folgenden Abbildung.

Wir können unsere Gleichung verallgemeinern, wie Sie es früher für $x^2 + y^2$ tun wollten, indem wir

$$y^2 = x^3 + D$$

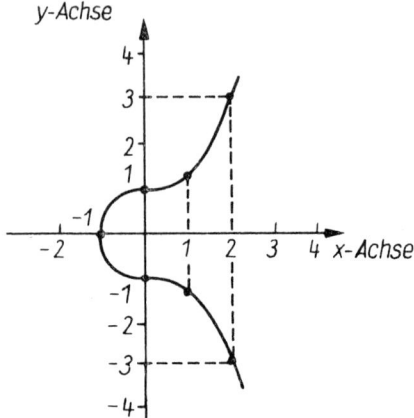

betrachten, wobei D positiv oder negativ ist. Außerdem wollen wir die Gleichung $y^2 = x^3 + x$ oder $y^2 = x^3 + ax$ betrachten, die historisch recht interessant ist. Beispielsweise haben die Griechen und die Araber folgende Frage gestellt: Für welche rationalen Zahlen A ist A der Flächeninhalt eines rechtwinkligen Dreiecks mit ganzzahligen Seiten a, b, wie wir es vorhin betrachtet haben. Man kann zeigen, daß A dann und nur dann eine solche Zahl ist, wenn die Gleichung

$$y^2 = x^3 - A^2 x$$

unendlich viele rationale Lösungen besitzt.[5]

---

[5] Der Flächeninhalt eines rechtwinkligen Dreiecks mit den Katheten a, b und der Hypotenuse c wird durch die Formel

$$A = ab/2$$

gegeben. Hieraus findet man

$$c^2 + 4A = a^2 + b^2 + 2ab = (a + b)^2,$$
$$c^2 - 4A = a^2 + b^2 - 2ab = (a - b)^2.$$

Es folgt, daß eine rationale Zahl A dann und nur dann der Flächeninhalt eines rechtwinkligen Dreiecks ist, wenn man simultan die Gleichungen

$$u^2 + 4Av^2 = w^2,$$
$$u^2 - 4Av^2 = z^2$$

in rationalen Zahlen (u, v, w, z) lösen kann. In einem kürzlich erschienenen Artikel hat J. Tunnell [Tu] dieses Thema aufgegriffen und bemerkt, daß man durch Projektion vom Punkt $(1, 0, 1, 1)$ aus auf die Ebene $z = 0$ eine Korrespondenz zwischen der durch diese simultanen Gleichungen definierten Kurve und einer ebenen Kurve erhält, die ihrerseits in die Form

$$y^2 = x^3 - A^2 x$$

gebracht werden kann, was genau der Typ ist, den wir gerade betrachten. Tunnell gibt Kriterien für die Existenz unendlich vieler Lösungen, die auf modernen und recht schwierigen mathematischen Theorien beruhen.

So wollen wir schließlich die Gleichung

$$y^2 = x^3 + ax + b$$

betrachten, die alle diese Fälle überdeckt. Als wir uns mit $y^2 = x^3 + b$ oder $y^2 = x^3 + ax$ befaßt hatten, haben wir angenommen, daß $b \neq 0$ und $a \neq 0$ ist, anderenfalls sind die Gleichungen zu ausgeartet. Analog setzen wir für die allgemeine Gleichung voraus, daß $4a^3 + 27b^2 \neq 0$ ist, um die entsprechende Nichtausarbeitung zu garantieren. Für unsere Zwecke brauchen Sie solchen technischen Dingen aber keine besondere Aufmerksamkeit zu widmen.

Der Graph der allgemeinen Gleichung $y^2 = x^3 + ax + b$ sollte folgendermaßen aussehen, mit einem nach dem Unendlichen strebenden Zweig, und manchmal einem Oval.

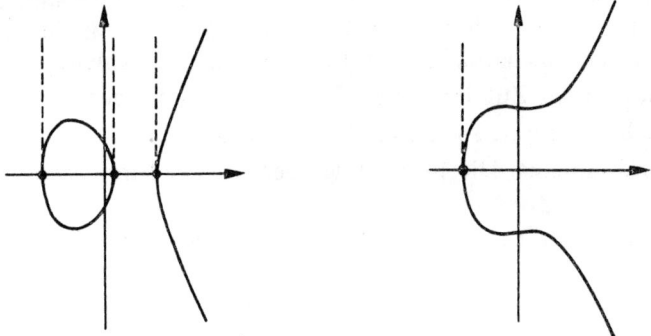

Unter Benutzung dieses Graphen kann man für Punkte eine Addition definieren. Man nehme zwei Punkte P und Q auf der Kurve und definiere deren Summe folgendermaßen: Die Gerade durch P und Q schneidet die Kurve in einem dritten Punkt. Diesen spiegelt man an der x-Achse und findet einen neuen Punkt, den wir wie in der Abbildung mit $P + Q$ bezeichnen.

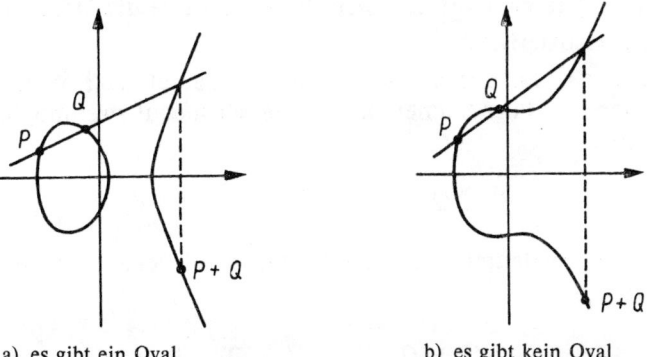

a) es gibt ein Oval   b) es gibt kein Oval

Eine Studentin. Aber es ist nicht immer so, daß eine Gerade durch zwei Punkte die Kurve in einem dritten Punkt schneidet.

Serge Lang. Oh ja? Können Sie mir ein Beispiel geben?

Studentin. Gut, ja, wenn die Gerade vertikal ist.

Serge Lang. Exzellente Bemerkung. Sie haben recht, denn wenn Q das Spiegelbild von P an der x-Achse ist, schneidet die vertikale Gerade die Kurve in keinem anderen Punkt. Wir werden auf diese spezielle Situation gleich zurückkommen. Aber das ist im wesentlichen das einzig mögliche Beispiel für dieses Phänomen. Bevor wir diesen Spezialfall betrachten, wollen wir zur Definition der Summe zweier Punkte zurückkehren.

Ich habe das Zeichen „+" benutzt. Sie haben das Recht, gewisse Eigenschaften zu erwarten, weil ich anderenfalls nicht dieses Zeichen benutzt haben würde. Welche Eigenschaften sind gemeint?

Zuhörerschaft. ???

Serge Lang. Sie kennen das Zeichen „+" von der gewöhnlichen Addition von Zahlen. Ich habe soeben eine Addition von Punkten definiert. Welche Eigenschaften hat die Addition von Zahlen?

Jemand in der Zuhörerschaft. Es ist ein Gruppengesetz.

Serge Lang. Keine solche gelehrte Sprache!

Jemand anderes. Die Reihenfolge der Glieder kann umgekehrt werden.

Serge Lang. In der Tat, das ist die erste Eigenschaft. Es muß

$$P + Q = Q + P$$

gelten. Dem ist in der Tat so. Um $Q + P$ zu berechnen, benutze ich dieselbe Gerade, finde somit denselben Schnittpunkt und folglich dieselbe Summe $Q + P = P + Q$. Was für andere Eigenschaften können Sie erwarten?

Jemand in der Zuhörerschaft. Assoziativität.

Serge Lang. Ja, es ist klar, daß Sie zu viel wissen. *[Gelächter.]* Lassen Sie auch andere zu Wort kommen. Beispielsweise die Dame dort.

Dame. Assoziativität.

Serge Lang. Ja, das ist richtig. Was bedeutet das? Wenn ich die Summe von drei Punkten nehme, könnte ich sie auf zwei mögliche Weisen bilden:

$$P + (Q + R) \quad \text{und} \quad (P + Q) + R.$$

Assoziativität bedeutet, daß diese beiden Ausdrücke gleich sind, daher haben wir

$$P + (Q + R) = (P + Q) + R.$$

Ganz offensichtlich ist $P + Q = Q + P$, aber wenn Sie versuchen, die Assoziativität zu beweisen, können Sie lange rechnen. Wenn Sie es mit roher Gewalt versuchen, werden Sie nicht zum Ziel kommen. Aber es ist richtig.

Welche anderen Eigenschaften erwarten Sie?

Ein Gymnasiast. Ein neutrales Element?

Serge Lang. So ist es. Also, was wird das neutrale Element oder Nullelement sein? Es bedeutet ein Element, so daß

$$P + \text{neutrales Element} = P$$

ist. Gibt es eines?

Jemand. Der Punkt dort oben.

Serge Lang. Nein. Dies erfordert einige Einbildungskraft. Ah *[lachend]*, der Herr dort oben macht es *[zeigt nach oben]*. Sind Sie ein Mathematiker?

Herr. Nein, aber ich war einer. *[Gelächter.]*

Serge Lang. Wir sind gezwungen, dieses neutrale Element zu erfinden. Zeichnen wir die Abbildung um.

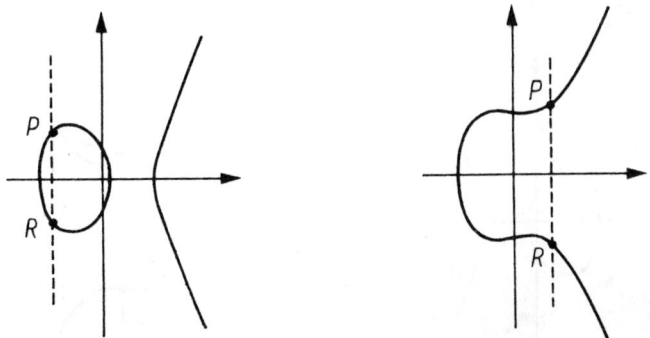

Man gibt Ihnen den Punkt P vor. Was muß ich finden? Ich muß etwas finden, das so beschaffen ist, daß, wenn ich die Gerade zwischen P und diesem Etwas nehme, die Gerade die Kurve in einem Punkt schneidet, dessen Spiegelbild an der x-Achse P selbst ist. Das Spiegelbild von P wird in der Abbildung mit R bezeichnet, und die Gerade durch P und R ist die Vertikale. Infolgedessen kann, wenn es einen solchen Punkt O gibt, so daß $P + O = P$ ist, dieser Punkt nicht irgendwo in der Ebene liegen, da er auf der Kurve und auf der Vertikalen liegen müßte. Was haben wir also zu tun? Wir erfinden diesen Punkt, nennen ihn Null und bezeichnen ihn mit O. Wir sagen, daß O im Unendlichen ist. Alle Vertikalen streben nach Unendlich, und zwar nach oben oder nach unten. Wir treffen die Verabredung, daß alle diese Punkte im Unendlichen derselbe Punkt sind, und definieren einen einzigen unendlich fernen Punkt, den wir als Schnittpunkt aller Vertikalen ansehen. Dies ist eine Verabredung; wir nehmen an, daß die Vertikale durch P die Gerade durch P und O ist, und wenn diese Gerade die Kurve in R schneidet, so gilt $P + R = O$. Wie wollen wir dann R nennen?

Zuhörerschaft. Minus P.

Serge Lang. Ja, sehr gut, wegen der Bedingung

$$P + (-P) = O.$$

Das ist unsere Vereinbarung.

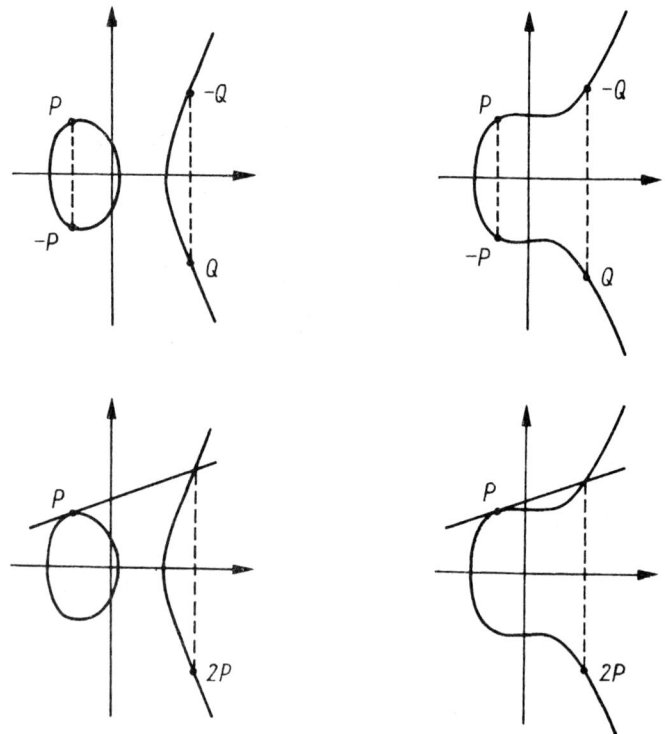

Und wenn ich $P + P$ finden will, was habe ich dann zu tun?

Zuhörerschaft. Man nimmt die Tangente.

Serge Lang. Das ist richtig, ausgezeichnet. Die Tangente an die Kurve in P schneidet die Kurve in einem Punkt, den wir spiegeln, um $P + P$ zu bekommen, was ich mit $2P$ bezeichnen kann. Angenommen, ich will $3P$ finden. Was ist zu tun? Ich nehme die Summe $2P + P$ – immer nach demselben Verfahren –, lege die Gerade durch P und $2P$, spiegle den Schnittpunkt dieser Geraden mit der Kurve und finde $3P$. Ebenso für

$$4P = 3P + P, \quad 5P = 4P + P \quad \text{und so weiter.}$$

Nun eine kleine Frage. Wo liegen die Punkte P mit $2P = O$? Frage an das Vorstellungsvermögen. Wo sind sie? Sie. *[Zeigt auf jemanden.]*

Jemand. Ich sehe nicht ...

Serge Lang. Sie haben gesehen, wie man $2P$ findet. Man zieht die Tangente, schaut nach, wo sie die Kurve schneidet, spiegelt und erhält $2P$. Nun soll $2P$ im Unendlichen liegen.

Herr. Auf der horizontalen Geraden.

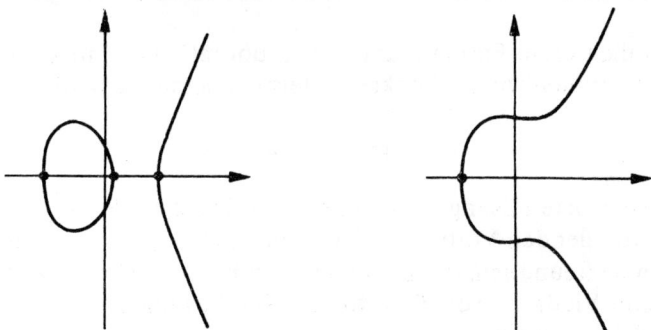

Serge Lang. Das ist richtig, unsere Punkte P mit $2P = O$ werden die Punkte sein, deren Tangente vertikal ist, also jene Punkte auf der Kurve, die auf der Horizontalen liegen, der x-Achse. Es wird drei solche Punkte geben, wenn ein Oval existiert. Liegt kein Oval vor, dann gibt es nur einen solchen Punkt. Außer O selbst, natürlich.

Angenommen, wir haben einen Punkt $P = (x, y)$ gefunden, der rational ist, d. h. dessen Koordinaten (x, y) rationale Zahlen sind.

Dann kann ich im allgemeinen weitere rationale Punkte finden: die Vielfachen $2P$, $3P$, $4P$ usw. sind dann auch rationale Punkte. Dies wird klar, weil man eine Formel für die Addition zweier Punkte angeben kann.

Betrachten wir drei Punkte auf der Kurve $y^2 = x^3 + ax + b$:

$$P_1 = (x_1, y_1), \quad P_2 = (x_2, y_2), \quad P_3 = (x_3, y_3)$$

und nehmen wir $P_3 = P_1 + P_2$ an. Wie berechnen sich die Koordinaten x_3, y_3 aus den Koordinaten x_1, x_2, y_1, y_2? Es gibt eine Formel:

$$x_3 = -x_1 - x_2 + \left[\frac{y_2 - y_1}{x_2 - x_1}\right]^2.$$

Natürlich hat die Formel für $x_1 = x_2$ keinen Sinn. In diesem Fall berechnet man $2P$, wenn $P = (x, y)$ ist, nach der Formel

$$x_3 = -2x + \left[\frac{3x^2 + a}{2y}\right]^2.$$

[Zu diesem Zeitpunkt verlassen sechs Personen den Raum.]

Diese Formeln kann wiederum niemand so leicht finden. Sie liegen viel tiefer als jene, welche die rationalen Punkte auf dem Kreis geliefert haben. Man braucht Ansatzpunkte, allgemeine Ideen, um zum Begriff der Geraden durch zwei Punkte zu gelangen, die die Kurve in einem dritten Punkt schneidet. Aber wenn Sie diesem Verfahren folgen und wenn Ihnen Algebra keine Schwierigkeiten bereitet, dann werden Sie in der Lage sein, diese Formeln mit etwa einer Seite Rechnungen herzuleiten.

Wir wollen diese Formeln anwenden, um rationale Punkte zu ermitteln. Dazu greifen wir ein konkretes Beispiel heraus, z.B. die Gleichung

$$y^2 = x^3 - 2 \,.$$

Es gibt eine erste Lösung: $x = 3$ und $y = 5$. Diese wollen wir P nennen. Herr Brette (der den Vortrag am Palais de la Découverte organisiert hat) war dann so freundlich, die Rechnungen mit einem Computer durchzuführen, um Vielfache von P zu finden. Die Lösung $2P$ hat die Koordinaten $2P = (x_2, y_2)$ mit

$$x_2 = \frac{129}{100} \quad \text{und} \quad y_2 = \frac{-383}{1\,000} \,.$$

Er setzte $x = 3$ und $y = 5$ in die Formel für $2P$ ein, fuhr dann mit der Rechnung fort und erhielt folgende Tabelle:

Die Kurve $y^2 = x^3 - 2$
Vielfache $nP = (x_n, y_n)$ des Punkts (3, 5)

n	x_n	Länge
1	3	1
	1	
2	129	3
	100	
3	164323	6
	29241	
4	2340922881	10
	58675600	
5	307326105747363	15
	160280942564521	
6	79484536162318480769	21
	51312731073606144900	
7	4968031750452922778611893792 3	29
	3458519104702616679044719441	
8	300370887246304508033820355385 03505921	38
	3010683982898763071786842993779918400	
9	18236869756848376308968909925094065 0872600619203	48
	12757239633530504974054703864634574 1798859364401	
10	29167882803130958433397234917019400 8422407356276649505 33249	59
	13329936285363921819106507497681304319732363816626483202500	
11	82417266114155280418772719003794470451177252076388075511412015463008803	71
	9180205660473362926399398259803734819581686045896496395 35939426806601	

Aus Platzgründen sind die Werte von y_n weggelassen. Man kann sie nach der Formel

$$-y_3 = \left[\frac{y_2 - y_1}{x_2 - x_1} \right] (x_3 - x_1) + y_1$$

berechnen.

Wenn Sie in dieser Tabelle auf den Zähler von x_n schauen, sehen Sie, daß die Zähler der Brüche sehr regelmäßig wachsen. In der Tat stellt die Art, in der sie wachsen, seitdem eines der grundlegenden Probleme auf dem Gebiet der diophantischen Gleichungen dar. Ich habe Ihnen das nach der Kreisgleichung einfachste Beispiel vorgeführt.

Das Problem besteht darin, für Gleichungen dieses Typs alle Lösungen in ganzen oder rationalen Zahlen zu finden. Dies ist außerordentlich schwer. Bis heute kennt man keine Verfahren, um alle Lösungen zu bestimmen. Für die spezielle Gleichung $y^2 = x^3 - 2$ konnte ich eine Lösung durch Prüfung aufschreiben. Aber wenn ich Ihnen eine Gleichung dieses Typs gebe, so existiert keine systematische Methode, die es Ihnen erlaubt, durch ein effektives Verfahren eine erste Lösung zu finden. Es ist dies eines der großen Probleme, denen sich die Mathematiker gegenübersehen: durch ein effektives Verfahren eine erste Lösung zu finden. Wenn ich Ihnen aber eine erste Lösung gebe, dann können Sie weitere durch Anwendung obiger Formeln bekommen.

Zwei Fälle sind möglich: Der erste ist dem Fall mit $2P = O$ ähnlich, wo aber statt $2P$ gilt $3P = O$ oder $4P = O$ oder $5P = O$. Allgemein sagt man: Wenn P ein Punkt auf der Kurve mit

$$nP = O$$

mit einer gewissen ganzen Zahl n ist, dann ist P ein Punkt von endlicher Ordnung oder von der Ordnung n. Man stellt sich die Frage, ob es viele rationale Punkte endlicher Ordnung gibt. Vor nunmehr vier Jahren gelang Mazur eine der größten Entdeckungen der modernen Mathematik [Ma], daß nämlich, wenn P ein Punkt der Ordnung n ist, n höchstens 10 ist, oder $n = 12$ gilt. Außerdem gibt es höchstens 16 rationale Punkte endlicher Ordnung.[6]

Der zweite mögliche Fall ist der, daß man bei der Konstruktion von $2P, 3P, 4P, \ldots$ jedesmal einen neuen Punkt erhält, genau wie in unserer Tabelle vorhin. Man kann Punkte finden, deren Länge regelmäßig wächst.

In den wenigen noch verbleibenden Minuten will ich Ihnen einige der Sätze und Vermutungen über solche Gleichungen und ihre Lösungen nennen.

---

[6] Die Mazurschen Methoden gehören zu den fortgeschrittensten der heutigen Mathematik. Sie beruhen auf der „Algebraischen Geometrie" und der „Theorie der Modulkurven".

1922 hat Mordell [Mo] eine Vermutung von Poincaré [Poi] bewiesen, daß man nämlich stets endlich viele rationale Punkte

$$P_1, P_2, P_3, \ldots, P_r$$

finden kann, so daß sich jeder rationale Punkt P als Summe dieser Punkte schreiben läßt. Das bedeutet, daß es ganze Zahlen $n_1, n_2, \ldots, n_r$ gibt, die von P abhängen, so daß P als eine Summe

$$P = n_1 P_1 + n_2 P_2 + \ldots + n_r P_r$$

geschrieben werden kann. Addition ist natürlich Addition auf der Kurve, wie ich sie definiert habe.

[Jemand hebt die Hand.]

Serge Lang. Ja?

Ein Gymnasiast. Was ist r?

Serge Lang. Das ist eine sehr gute Frage. Es könnte Relationen zwischen den Punkten $P_1, \ldots, P_r$ geben. Beispielsweise könnte einer von endlicher Ordnung sein. Man kann beweisen, daß wir die Punkte $P_1, \ldots, P_r$ stets so wählen können, daß sich jeder rationale Punkt als eine Summe

$$P = n_1 P_1 + n_2 P_2 + \ldots + n_r P_r + Q$$

mit ganzen Zahlen $n_1, \ldots, n_r$ ausdrücken läßt, die durch P eindeutig bestimmt sind, wobei Q ein Punkt von endlicher Ordnung ist. Das heißt, daß zwischen den Punkten $P_1, \ldots, P_r$ keine Relationen existieren. Wenn ich r in dieser Weise wähle, dann ist r die Maximalzahl von Punkten, zwischen denen keine Relationen bestehen. Seit Poincaré heißt r der Rang der Kurve. Das Problem ist, r zu bestimmen und die Punkte $P_1, \ldots, P_r$ zu finden.

Niemand weiß, wie das allgemein zu erfolgen hat. In speziellen Fällen verfügt man über Methoden, die eine Lösung dieses Problems liefern. Hier ist eine Tafel von Cassels für Kurven $y^2 = x^3 - D$, wobei D eine ganze Zahl zwischen -50 und $+50$ ist. In jedem Fall ist der Rang 0, 1 oder 2. Cassels gibt entsprechend diesen Fällen die Punkte P_1, P_2 an [Ca]. *[Die Tabelle befindet sich im Anhang dieses Kapitels.]*

Für den allgemeinen Fall existieren sehr tiefliegende Vermutungen; eine stammt von Birch und Swinnerton-Dyer, zwei englischen Mathematikern [B-SD]. Sie liefert den Rang mittels sehr komplizierter, zu der Gleichung gehöriger Objekte. Ich kann hier nicht näher darauf eingehen. Aber Sie sehen, wie wenig wir wissen, da heutzutage niemand ein Beispiel kennt, in dem der Rang groß ist, oder gar ein Beispiel, wo der Rang größer als 10 ist (meiner Meinung nach kann er 12 sein). Noch wird von Mathematikern vermutet, daß es Fälle gibt, in denen der Rang beliebig groß ist. Jedermann kann über dieses Problem nachdenken: eine Kurve mit einer Gleichung

$$y^2 = x^3 + D$$

mit einer ganzen Zahl D zu finden, deren Rang größer als 15 oder 20 oder 100 oder beliebig groß ist. Zwar vermutet man, daß solche Kurven existieren, es ist aber eine große Herausforderung, sie zu finden.

Kürzlich hat Goldfeld die Frage etwas anders formuliert [Go]. Er betrachtete die Kurven

$$Dy^2 = x^3 + ax + b,$$

wobei a, b fest sind und D variiert. Nehmen wir an, daß D eine ganze Zahl ist, $D = 1, 2, 3, 4$ usw. Wie verhält sich der Rang für diese Werte von D? Wie viele ganze Zahlen D kleiner oder gleich einer Zahl X gibt es beispielsweise, für die der Rang 0 ist, für welche wird es also keinen rationalen Punkt außer evtl. einem Punkt von endlicher Ordnung geben? Wie viele $D \le X$ gibt es, für die die Kurve den Rang 1 hat? Wie viele gibt es, für die die Kurve den Rang 2 hat? Und so weiter. Goldfeld hat plausibel gemacht, daß man für Rang 0 oder 1 ein reguläres Verhalten erwarten sollte. In der Tat erwartet er, daß die Dichten jeweils ein halb für Rang 0 und ein halb für Rang 1 sein sollte. Das bedeutet, daß näherungsweise die Hälfte der Kurven den Rang 0 und die Hälfte von ihnen den Rang 1 haben sollte, mit Störungen, die von viel komplizierteren Invarianten der Kurve abhängen. Und es sollte relativ wenige Werte von D geben, für die der Rang größer als 1 ist.

Es ist ein grundlegendes Problem, für Kurven wie

$$y^2 = x^3 + D$$

mit variablem D oder für die allgemeine Familie von Kurven $y^2 = x^3 + ax + b$ mit variablen a und b eine quantitative Antwort auf Fragen folgender Art zu geben: für welche Werte von a, b erhalten wir Rang 0, 1, 2, 3, 4 oder irgendeine gegebene ganze Zahl als Rang. Da wir nicht einmal wissen, ob es solche Kurven mit größerem Rang als 10 gibt, sind wir von einer Antwort – abgesehen von Vermutungen – weit entfernt.

Nun ... das ist eine Menge Algebra. Hoffentlich nicht zu viel. Doch ich habe den Versuch wagen und sehen wollen, ob es mir gelingt, Ihnen diese Art von Problemen verständlich zu machen, die von den Mathematikern aufgeworfen werden. Aber ich habe eine Stunde lang geredet und will jetzt innehalten. Wir wollen sehen, ob es noch irgendwelche Fragen gibt und ob Sie von alledem etwas mitbekommen haben.

Die Fragen

Jemand. Wofür ist das alles gut?

Serge Lang. Ich habe bereits letztes Jahr die Antwort gegeben: es ist gut, um einer gewissen Anzahl von Leuten, mich eingeschlossen,

Schauer über den Rücken laufen zu lassen.[7] Ich weiß nicht, wofür es sonst gut ist, und mich kümmert das auch nicht. Ich spreche aber nur für mich selbst. Wie v. Neumann gesagt hat, weiß man niemals, wann und wozu es gerade dienlich sein wird. Ich habe lediglich versucht, Ihnen die Problemart nahezubringen, die uns reizt – oder die mich reizt.

Ein Gymnasiast. Diese Art von Problem gleicht der in der Physik oder in der Elektronik. Man macht Experimente, weiß aber nicht, was man finden wird. Wie beispielsweise Penicillin.

Serge Lang. Es gibt keine allgemeingültige Antwort, aber Ihr Kommentar ist sehr richtig.

Ein Herr. Eine Frage interessiert mich sehr: es sind die Hyperdimensionen des Raumes. Ich habe gehört, daß Lobatschewski bis zu zweiunddreißig Dimensionen gefunden hat. Glauben Sie, daß es eine Grenze gibt, oder gibt es noch mehr?

Serge Lang. Ich weiß nicht, was Sie mit Hyperdimensionen meinen.

Herr. Sie wissen nicht, was Hyperdimensionen sind? Glauben Sie, daß es nur drei Dimensionen im Raum gibt?

Serge Lang. Wenn Sie die Frage so stellen *[Gelächter]*, dann kann ich, wenn schon keine Antwort, so doch wenigstens eine Analyse der Frage geben. Sie haben mich gefragt: „Glauben Sie, daß es nur drei räumliche Dimensionen gibt?" Was meinen Sie mit „Raum"? Wenn Sie mit Raum „das" meinen *[Serge Lang zeigt in den Saal]*, so gibt es definitionsgemäß nur drei Dimensionen. Wenn Sie mehr Dimensionen wollen, dann geben Sie dem Wort „Dimension" eine allgemeinere Bedeutung, die übrigens seit langem akzeptiert ist. Sie können jederzeit einem Begriff eine Zahl, d. h. die Dimension, zuordnen, ungeachtet dessen, von welcher Art Begriff Sie ausgehen; in der Physik, Mechanik, Ökonomie oder sonstwo. In der Mechanik haben Sie außer den drei räumlichen Dimensionen noch Geschwindigkeit, Beschleunigung, Krümmung usw. In der Ökonomie nehmen Sie beispielsweise Öl- oder Zuckerunternehmen, Stahl, Landwirtschaft usw. und ihre Bruttoeinnahmen von 1981. Für jedes Unternehmen bekommen Sie eine Zahl und daher eine Dimension, zusätzlich natürlich die Zahl 1981, die der Zeit zugeordnet ist. Dann können Sie Hunderte von Dimensionen dieser Art haben.

Übrigens, wenn Sie unter „Dimension" in die Enzyklopädie von Diderot schauen, so werden Sie sehen, daß die Erklärungen von d'Alembert stammen, und zwar hat er folgendes geschrieben:

„Diese Art, Größen von mehr als drei Dimensionen zu betrachten, ist genauso berechtigt wie die andere, da algebraische Buchstaben stets als Repräsentanten für Zahlen angesehen werden können, seien sie rational oder nicht. Ich habe oben gesagt, daß es nicht möglich sei, mehr als drei Dimensionen wahrzunehmen. Ein kluger Bekannter von mir glaubt, daß man nichtsdestoweniger die Dauer als eine vierte

---

[7] Ganz zu schweigen von Diophant ...

Dimension betrachten kann und daß das Produkt von Zeit mit Solidität in gewissem Sinne ein Produkt von vier Dimensionen sein würde. Dieser Gedanke kann verworfen werden, aber er hat, wie mir scheint, viel für sich, und sei es nur, daß er neu ist." [Did]

Dieser Bekannte, das ist Diderot natürlich selbst, aber er war eben vorsichtig. Er unterstellte, daß der Begriff der Dimension nicht auf den Raum beschränkt werden sollte, sondern mit irgendeiner Situation verknüpft werden könnte, wo man eine Zahl zuordnen kann. Die Zeit ist dafür nur ein Beispiel.

Der Rang von Kurven, den wir zuvor diskutiert haben, ist ein anderes Beispiel. Wir können sagen, daß die rationalen Punkte einer Kurve vom Rang r einen r-dimensionalen Raum erzeugen.

Jemand. Hilft es Ihnen in Ihren Theorien, Computer benutzen zu können, um Lösungen zu finden, vielleicht nicht alle Lösungen, aber doch wenigstens einige?

Serge Lang. Ja, bestimmt. Die Vermutungen von Birch und Swinnerton-Dyer waren auf experimentelle Computerdaten gegründet, ebenso wie auf Intuition und theoretische Resultate. Historisch könnte die Wachstumsgeschwindigkeit der Länge der Vielfachen eines Punktes durch Computer entdeckt worden sein. Genauer: Wenn Sie einen rationalen Punkt $P = (x, y)$ auf der Kurve haben, schreiben Sie $x = c/d$, wobei c der Zähler und d der Nenner ist. Man schreibe

$$nP = (x_n, y_n) \quad \text{mit} \quad x_n = c_n/d_n.$$

Wie schnell wächst dann c_n? Nach einem Satz von Néron wächst die Länge von c_n näherungsweise wie n^2. In der Tafel der Vielfachen von P können Sie dieses Wachstum für $n \leq 11$ veranschaulicht sehen. Um zu präzisieren, was unter „näherungsweise" zu verstehen ist, brauche ich eine ausgearbeitete mathematische Sprache. Ich müßte sagen, daß es bis auf eine beschränkte Funktion eine quadratische Funktion ist. Darauf will ich jetzt nicht eingehen. Man kann für die Länge eine genauere Formel aufschreiben, aber sie ist viel schwieriger.[8] Hier habe ich nur ein angenähertes Verhalten für die Länge konstatiert.

---

[8] Schreiben wir x als Bruch, $x = c/d$, wobei c der Zähler und d der Nenner ist. Man definiert die Höhe des Punktes als

$$h(P) = h[x(P)] = \text{Maximum von } \log|c|, \log|d|.$$

Der Satz von Néron konstatiert insbesondere $h(nP) = q(P)n^2 + O(1)$, wobei $q(P)$ eine von P abhängige Zahl ist und $O(1)$ ein Glied, das unabhängig von n beschränkt ist. Die Zahl $q(P)$ heißt die Néron-Tatesche quadratische Form, weil Tate einen sehr einfachen Beweis für ihre Existenz gegeben hat. Von den Mathematikern werden viele Fragen über diese Zahl $q(P)$ aufgeworfen, zum Beispiel, ob sie eine rationale Zahl ist oder nicht. Man glaubt, daß sie es nicht ist, außer, wenn P von endlicher Ordnung ist. Zwischen zwei Punkten P und Q läßt sich ein Abstand definieren, indem man das Quadrat dieses Abstands gleich $q(P - Q)$ setzt. Die Untersuchung dieses Abstands stellt eines der grundlegenden Probleme dieser Theorie dar.

Jemand. Gibt es einen Zusammenhang zwischen der Addition von Punkten, die Sie uns vorgeführt haben, und der Frage der seltsamen Attraktoren?

Serge Lang. Seltsame Attraktoren worin, Physik?

Die Person. Ja, Iterationssysteme, die gewisse Arten von Kurven ergeben.

Serge Lang. Sind Sie Physiker?

Die Person. Ja.

Serge Lang. Ich kenne Ihre Physik nicht, und Sie kennen nicht meine elliptischen Kurven. Vielleicht ist es an der Zeit, daß wir einander kennenlernen sollten. Ich weiß auf Ihre Frage keine Antwort, ich verstehe nicht viel von Physik. Aber es ist möglich. *[An die Zuhörerschaft:]* Sehen Sie, was sich gerade abspielt? Ich habe gewisse Formeln angeschrieben, die eine Saite im Gehirn dieses Herrn angeschlagen haben. Sie haben einem Physiker etwas suggeriert, durch freie Assoziation der Gedanken. Das ist es, wie man Forschung betreibt. Zwei Dinge können sich ereignen. Entweder kommt nichts dabei heraus, oder der Herr wird die Idee verfolgen, die vielleicht neue Beziehungen zwischen gewissen physikalischen Theorien und der Theorie der sogenannten elliptischen Kurven – von kubischen Gleichungen – geben werden. Vielleicht wissen wir es schon nächstes Jahr. Der Physiker möge eine Konferenz über diese Beziehungen abhalten. Das ist die Forschung. Aber im Moment kenne ich keine Antwort.

Ein Herr. Können Sie uns etwas über Fermats großen Satz sagen?

Serge Lang. Die Fermatsche Vermutung?

Herr. Ja

Serge Lang. Man kann die Gleichung, die wir betrachtet haben, verallgemeinern; wir können zum Beispiel $x^3 + y^3 = 1$ oder allgemeiner

$$x^n + y^n = 1$$

betrachten mit einer beliebigen positiven Zahl n. Was passiert, wenn man von 3 zu $n \geq 4$ übergeht?

Jemand. Es gibt keine Lösungen!

Serge Lang. Mein Herr, Sie wissen zuviel, das ist Betrug. Greifen Sie bitte nicht ein. Außerdem gibt es Lösungen:

$$x = 1, y = 0 \quad \text{und} \quad x = 0, y = 1.$$

[Gelächter.] Gibt es andere als die mit $x = 0$ oder $y = 0$? Wer sagt „Ja"? Wer sagt „Nein"? Wer weiß die Antwort nicht? *[Einige Leute haben die Hand noch nicht gehoben.]* Wer denkt, daß die Antwort bekannt ist? *[Gelächter.]* Wer denkt, daß die Antwort nicht bekannt ist? *[Gelächter.]*

In der Tat ist sie nicht bekannt. Man kennt die Antwort für eine große Anzahl von Werten von n, aber nicht allgemein. Das ist das Fermatsche Problem:

Gibt es Lösungen von $x^n + y^n = 1$ in rationalen Zahlen außer mit $x = 0$ oder $y = 0$, wenn n eine ganze Zahl >2 ist?

Die allgemeine Antwort ist nicht bekannt. Man glaubt, daß sie „Nein" lautet.

Ein Gymnasiast. Hofft man, eines Tages die Antwort zu kennen?

Jemand anderes. Aber Fermat hat gesagt, er kenne die Antwort!

Serge Lang. Ja, Fermat hat das gesagt[9], aber man kennt sie noch nicht. Ob man hofft, sie eines Tages zu kennen – was heißt das?

Gymnasiast. Kann die Menschheit auf eine Antwort hoffen? Ist dies beweisbar, oder ist dies als unbeweisbar nachgewiesen?

Serge Lang. Nein, es ist ein Glaubensakt, daß dies beweisbar ist. Mathematiker – vielmehr, um genau zu sein, alle, die ich kenne – *[Gelächter]* glauben, daß dies beweisbar ist. Ich denke, daß es auf ein intelligentes Problem in der Mathematik auch eine Antwort gibt, die eines Tages gefunden werden wird.[10] Das heißt, es genügt, über das Problem nachzudenken, und jemand wird die Lösung finden. Probleme, die nicht lösbar sind, d. h. für die man beweisen kann, daß sie sich nicht auf die eine oder andere Art beweisen lassen, sind pathologische Fälle, um die ich mich nicht kümmere. Sie treten nicht auf, wenn man „Mathematik betreibt". Nach ihnen muß man speziell Ausschau halten.

Jemand. Was ist die Definition eines intelligenten Problems?

Serge Lang. Keine Definition. *[Gelächter.]*

Probleme, die Sie antreffen werden, wie das hier. Dafür ist es ein Akt des Glaubens der Mathematiker, daß man versuchen kann, sie zu lösen, und daß dies gelingen wird. Das ist alles. Man rechnet nicht einmal mit der Möglichkeit, daß sie vielleicht nicht beweisbar sind. Und wenn Sie zuviel darüber nachdenken, dann werden Sie vielleicht sonst etwas tun, doch Sie werden nicht Mathematik betreiben. Es wird Sie vom Denken abhalten.

Aber aufgepaßt! Es gibt einige Probleme, die dazwischen liegen, beispielsweise jenes, welches Kontinuumhypothese heißt. Es ist das einzige Gegenbeispiel, das mir gerade einfällt.

Frage. Was ist die Kontinuumhypothese?

Zuhörerschaft. Cantor ...

Serge Lang. Ja, sprechen wir ein wenig über die Kontinuumhypothese. Nehmen Sie alle reellen Zahlen, die Zahlen auf der Zahlengera-

---

[9] Genauer, Fermat pflegte auf den Rand von Diophants gesammelten Werken Kommentare zu schreiben. Nach dem Problem, wo Diophant Lösungen der pythagoreischen Gleichung $a^2 + b^2 = c^2$ gibt, hat Fermat geschrieben, er habe einen „wunderbaren" Beweis für die Tatsache, daß es für höheren Grad keine anderen Lösungen als die trivialen gibt, doch der Rand sei leider zu klein, um seinen Beweis hier niederzuschreiben.

[10] Mein Gebrauch des Wortes „intelligent" ist offensichtlich idiotisch, und die folgenden Sätze berücksichtigen nur in unzureichendem Maße die Wahl, die jedermann hinsichtlich seines eigenen Forschungsgebietes trifft.

den oder mit anderen Worten alle unendlichen Dezimalbrüche wie

$$212,354\,209\,671\,85\,\ldots$$

Andererseits gibt es auch die positiven ganzen Zahlen 1, 2, 3, 4, ... Eine Menge heißt abzählbar, wenn man eine Liste aller Elemente der Menge aufstellen kann mit einem ersten, einem zweiten, einem dritten usw., so daß man alle Elemente der Menge erfaßt und keines ausgelassen wird. Letztes Jahr bat mich jemand zu beweisen, daß die reellen Zahlen nicht abzählbar sind, und ich gab den Beweis.

Die Frage, welche die Mathematiker, d. h. Cantor, aufgeworfen haben, lautet folgendermaßen. Gibt es zwischen abzählbaren Mengen, also jenen, die man wie die ganzen Zahlen abzählen kann, und den reellen Zahlen Mengen, deren Mächtigkeit dazwischen liegt (das heißt Mengen, die mehr Elemente als abzählbare Mengen haben – so daß man sie nicht abzählen kann –, die aber weniger Elemente als die reellen Zahlen haben)? Was heißt dabei „weniger"? Es bedeutet, daß man keine eineindeutige Zuordnung zwischen den reellen Zahlen und den Elementen dieser Menge herstellen kann. Die Kontinuumhypothese besagt, daß es keine solchen Mengen gibt, die nichtabzählbar sind, aber „weniger" Elemente als die reellen Zahlen besitzen.

Betrachtet man die Schreibweise der reellen Zahlen, nämlich als unendliche Dezimalbrüche, so schienen diese derart dicht bei den rationalen Zahlen (die abzählbar sind) zu liegen, daß es naheliegend war, anzunehmen, daß es keine Menge mit einer Mächtigkeit dazwischen gibt.

Jemand. Wurde denn versucht, die Antwort zu finden?

Serge Lang. Natürlich, gerade deshalb habe ich gesagt, daß es ein Gegenbeispiel zu meiner Feststellung sei. Es steht außer Zweifel, daß die Frage „intelligent" ist. Und die Lösung wurde von jemandem gefunden, den nicht die Art der Fragestellung gefangennahm: von Paul Cohen.

Frage. Welches Jahrhundert?

Serge Lang. Kürzlich, etwa vor fünfzehn Jahren. Und die Antwort ist, daß die Frage keinen Sinn hat. Man kann weder beweisen, daß es eine solche Menge gibt, noch, daß keine solche Menge existiert. Die Antwort lautet: Wenn das mathematische System gegeben ist, mit dem wir heute arbeiten, das für alle Erfordernisse außer diesem einen ausreicht, und Sie fügen die positive Antwort auf die Kontinuumhypothese als ein Axiom hinzu, so haben Sie immer noch ein widerspruchsfreies System; das System wird immer noch gültig sein. Und wenn Sie die negative Antwort auf die Kontinuumhypothese als ein Axiom hinzufügen, dann bleibt das System gleichfalls widerspruchsfrei.

Zuhörerschaft. Sie ist unabhängig von den Axiomen, die Sie bereits haben.

Serge Lang. Ganz recht. Was ich meine, ist, daß die Frage schlecht gestellt ist. Dies heißt, daß Sie, wenn Sie von „Mengen" sprechen, nicht wissen, wovon Sie sprechen. Die Mehrdeutigkeit liegt in dem intuitiven

Begriff, den Sie von einer Menge haben. Jeder hat eine gewisse Vorstellung von Mengen: eine Menge ist ein ... Haufen von Dingen. *[Gelächter.]* Die Bezeichnung „ein Haufen von Dingen" geht an, wenn Sie von allen reellen Zahlen sprechen; sie geht an, wenn man von allen rationalen Zahlen spricht oder von allen Punkten auf einer Kurve; aber wenn Sie von allen Mengen gleichzeitig sprechen, von allen in den reellen Zahlen enthaltenen Mengen, dann ist das nicht mehr in Ordnung, dann funktioniert es nicht. Das gerade bedeutet Paul Cohens Antwort: Unser Mengenbegriff ist für die Kontinuumhypothese zu vage, um eine positive oder negative Antwort zu erhalten. Es bleibt, daß viele Mathematiker ein Axiom herbeiwünschen, das psychologisch befriedigend ist und das entweder die Kontinuumhypothese oder ihre Negation impliziert. Diese Seite der Mathematik ist für gewisse Leute interessant. Mich persönlich interessiert sie nicht wirklich. Aber ich muß gestehen, daß sie betrachtenswert ist: eine Frage, von der niemand gedacht hat, daß sie eine andere Antwort als „Ja" oder „Nein" haben könnte; und da kommt einer, der antwortete: Sie liegen alle falsch, es gibt keine mögliche Antwort.

Der Gymnasiast. Ist es möglich, daß es bei der Fermatschen Vermutung auch so ist?

Serge Lang. Was soll ich Ihrer Meinung nach antworten? Von meinem Standpunkt aus ist es offensichtlich, wie ich antworten will. Ich bin keineswegs der Meinung, daß es bei ihr auch so sein könnte. Keineswegs.

Außerdem gibt es ein Argument ... *[zögert]*, wenn es Ihnen gelungen sein sollte, zu beweisen, daß das Fermatsche Problem unlösbar ist, so würden Sie ipso facto gezeigt haben, daß die Vermutung richtig ist. Denn wenn es ein Gegenbeispiel gäbe, dann würde das eines Tages mit einem großen Computer herauskommen. Aber ich hasse diesen Typ von Argument, und soweit es mich betrifft, betrachte ich es als normalen Gang der Dinge, daß eines Tages jemand den Fermatschen Satz beweisen oder umgekehrt beweisen wird, daß er falsch ist.

Frage. Und Sie persönlich, glauben Sie, daß er wahr oder falsch ist?

Serge Lang *[zögert]*. Wohlan, er ist wahr. Es gibt keine andere Lösung als $x = 0$ oder $y = 0$. Aus den folgenden Gründen. Wir fangen an, die Theorie solcher Gleichungen unter einem allgemeinen Gesichtspunkt zu verstehen. Es gibt eine allgemeine Vermutung von Mordell, die ich jetzt beschreiben will.

Nehmen Sie eine Gleichung, beispielsweise

$$y^3 + x^2y^7 - 312y^{14} + 2xy^8 - 18y^{23} + 913xy + 3 = 0.$$

Man nennt so etwas eine allgemeine diophantische Gleichung. Wir fragen allgemein: Gibt es unendlich viele Lösungen dieser Gleichung in rationalen Zahlen x, y? Wir haben bereits zwei Typen von Gleichungen kennengelernt, für die solche Lösungen existieren. Im ersten Beispiel konnten wir x als einen Quotienten zweier Polynome in einer Variablen

t ausdrücken und y analog, so daß die Gleichung als eine Identität von t erfüllt wurde. Dies passierte, als wir die Formeln

$$x = \frac{1 - t^2}{1 + t^2} \quad \text{und} \quad y = \frac{2t}{1 + t^2}$$

angewendet und gefunden haben, daß $x^2 + y^2 = 1$ eine Identität in t ist. Offensichtlich (trotz der Einwände von jemandem) bekommt man unendlich viele Lösungen. Das ist eine der Möglichkeiten.

Die andere Möglichkeit ist die, daß man Lösungen der Gleichung aus einer Kubik durch Formeln

$$x = R(t, u) \quad \text{und} \quad y = S(t, u)$$

bekommen kann, wo t, u einer Gleichung $t^2 = u^3 + au + b$ genügen, die unendlich viele Lösungen besitzt, und R, S Quotienten von Polynomen mit rationalen Koeffizienten sind.

Die erste Möglichkeit heißt Geschlecht 0, die zweite Geschlecht 1.

Die Mordellsche Vermutung besagt folgendes. Es sei $f(x, y) = 0$ eine Gleichung, wobei f ein Polynom mit ganzzahligen Koeffizienten ist. Wenn Sie diese Gleichung nicht durch Formeln wie oben auf den Fall des Geschlechts 0 oder des Geschlechts 1 reduzieren können, dann besitzt die Gleichung nur endlich viele rationale Lösungen. Das ist die Vermutung.

In einer Familie von Gleichungen wie der von Fermat mit variablem n sollte es sehr wenige Lösungen geben. Man kann sogar beweisen, daß sich die Gleichung $x^n + y^n = 1$ für $n \geq 4$ nicht auf Geschlecht 0 oder Geschlecht 1 reduzieren läßt. Nach der Mordellschen Vermutung sollte die Fermatsche Gleichung nur endlich viele Lösungen in rationalen Zahlen x und y haben. Einige Leute haben sehr weitgehende Berechnungen bis vielleicht $n = 1\,000\,000$ durchgeführt, und man weiß, daß bis dahin keine Lösungen außer der offensichtlichen mit $x = 0$ oder $y = 0$ existieren. Und wenn das, was wir fühlen, wahr ist, dann sollte es selbst für größere Werte von n keine anderen geben, denn solche Familien sollten sich regelmäßig verhalten. Wenn man zu Beginn, für kleine n, keine Lösungen gefunden hat, so sollte es auch später für große n keine geben. Das ist die allgemeine Vorstellung, die uns leitet, wenn wir über diophantische Gleichungen arbeiten. Gut, es ist eine Arbeitshypothese, und man ist stets bereit, sie zurückzunehmen, wenn jemand beweist, daß sie falsch ist. So arbeiten wir Mathematiker; wir stellen Arbeitshypothesen auf, versuchen, etwas zu beweisen, sind aber stets bereit, gegebenenfalls die Tatsache zu akzeptieren, daß wir unrecht haben und von neuem beginnen müssen.

[Jemand hebt die Hand.] Und die Computer, können Sie nicht mit ihnen etwas anfangen?

Serge Lang. Oh, der Computer, er ist mehrmals angewendet worden.

Mit Computern wurde gezeigt, daß es keine Lösungen bis zu einem n von etwa 1 000 000 gibt.

Frage. Ich habe eine Frage: Es gibt Probleme, welche zunächst unter einschränkenden Voraussetzungen bewiesen worden sind, die dann von besseren Mathematikern eliminiert werden konnten. Die ersten Beweise haben aber trotzdem diese Hypothesen noch benutzt. Warum ist das so?

Serge Lang. Wenn Sie ein Problem lösen wollen, so versuchen Sie zunächst, Spezialfälle zu lösen, und erst danach allgemeinere Fälle. Die ersten Ideen, die Sie haben, funktionieren vielleicht nur bei den Spezialfällen. Möglicherweise sind bei allgemeineren Fällen andere Ideen notwendig. Aber wer weiß, wann diese neuen Ideen kommen werden? Oder sogar, ob sie der betreffenden Person und nicht einer anderen kommen werden? Jemand veröffentlicht eine erste Arbeit, dann stützt sich ein anderer auf diese Resultate und erhält weitere Ergebnisse, veröffentlicht eine zweite Arbeit, aber mit einigen neuen Ideen; und so weiter, bis das allgemeine Problem gelöst ist. Das bedeutet nicht, daß der Mathematiker, dem es gelingt, die einschränkenden Voraussetzungen zu eliminieren, „besser" als der andere ist. Ganz im Gegenteil, der erste hat vielleicht viel mehr Vorstellungsvermögen benötigt und ein ganzes Forschungsgebiet eröffnet, von dem niemand zuvor etwas verstanden hat. Es kann sein, daß der erste Beitrag wesentlich mehr bewundert wird als die folgenden, die vielleicht bloß das Programm des ersten ausgeführt haben.

Frage. Lassen Sie mich das Thema ein wenig wechseln. Zu Beginn Ihres Vortrags spielten Sie auf den Mathematikunterricht in Frankreich an …

Serge Lang. Überall, in der ganzen Welt.

Frage. Das Thema ist von aktuellem Interesse. Wie sehen Sie die Dinge in dieser Richtung? Das scheint ein allgemeines Problem zu sein.

Serge Lang. Wie ich sie sehe? Ich verstehe die Frage nicht. Sie ist zu allgemein.

Ein Gymnasiast. Denken Sie, daß Mathematik so gelehrt werden sollte wie eben, vor allem um ihrer Schönheit willen und nicht wegen ihrer Anwendungen auf die Physik, oder meinen Sie, daß sie zumindest bis zum Ende der höheren Schule auf die Physik, auf die Anwendungen gerichtet werden sollte?

Serge Lang. Die Art, in der Sie Ihre Frage formulieren, ist zu … ausschließlich. Das eine schließt das andere nicht aus. Es ist offensichtlich, daß die Negation eines Extrems nicht ein Extrem in der anderen Richtung impliziert. Man tue das, was … was sich in natürlicher Weise ergibt. Natürlich sollte es, wenn man Mathematik lehrt, Anwendungen geben. Aber von Zeit zu Zeit müssen Sie auch in der Lage sein zu sagen: Gut, sehen wir uns $x^2 + y^2 = 1$ an und bestimmen wir alle Lösungen. Einige werden daran Gefallen finden, andere nicht, aber ich weiß, es ist die Art von Dingen, die Schüler mögen. Ich weiß es, weil ich über dieses

Problem mehrmals zu Fünfzehn- und Sechzehnjährigen gesprochen habe, und sie hatten das gern. Sie hielten es für interessant. Zu Beginn des Vortrags kennen sie eine Lösung, vielleicht kennt irgendein Schüler eine andere, vielleicht noch eine weitere, aber normalerweise nicht. Und dann, nach fünf Minuten, gelingt es uns, unendlich viele anzugeben. Hören Sie, Sie müßten wirklich unempfänglich sein, um nicht positiv zu reagieren. *[Gelächter.]* Gut, das heißt nicht, daß Sie nicht auch Anwendungen machen sollten.

Frage. Wenn Sie in Yale sind, haben Sie da denselben Zugang zur Lehre?

Serge Lang. Denselben wie was? Hier? Ja, natürlich, wie hier. *[Serge Lang zeigt auf jemanden; Gelächter.]* Natürlich! Wie sonst wollen Sie, daß ich es mache. Heute war ich etwas überrumpelt, ich griff einen Gegenstand heraus ... ich wollte sehen, wie weit ich gehen könnte, mit Ihnen Mathematik zu treiben. Das war hart, und weil ich algebraische Formeln benötigte, ist es für eine Samstagsnachmittagszuhörerschaft gefährlich. *[Gelächter.]* Denken Sie, ich sei mir nicht der Schwierigkeit bewußt gewesen? *[Anspielung auf die sechs Personen, die nach den ersten Formeln gegangen sind.]* Ich habe eben sehen wollen, wie es gehen würde, und es ging nicht so schlecht.

[Zustimmung der Zuhörerschaft.]

Serge Lang. Wäre es nur, zum Beispiel, er oder er *[zeigend]* oder der Physiker hier oben. Es ist klar, daß sie etwas mitgenommen haben, jeder etwas anderes. Selbst wenn es nur diese drei gegeben hätte, wäre es die Sache wert, doch es gab noch viele andere. Selbst wenn jemand von Ihnen an den Formeln hängengeblieben ist, noch sitzen Sie hier, ohne daß Sie jemand zwingt.[11]

Frage. Gibt es eine Hoffnung, jene großen mathematischen Probleme zu lösen, die noch nicht gelöst worden sind?

Serge Lang. Das ist es, was Mathematiker tun. Sie forschen und hoffen, jene Probleme zu lösen, die noch nicht gelöst worden sind. Wenn sie diese Hoffnung nicht hätten, könnten sie nach Definition nicht forschende Mathematiker sein.

Frage. Aber Sie finden auch Probleme?

Serge Lang. Ja, natürlich. Das Problem zu finden, an dem man gerade arbeitet, auf das man sich konzentriert, ist mindestens so wichtig, wie es zu lösen. Mathematik zu betreiben heißt auch, Probleme zu finden, Vermutungen aufzustellen. Beispielsweise stelle ich nach Goldfeld das Problem, das asymptotische Verhalten des Rangs in einer Familie von Kurven

$$y^2 = x^3 + D$$

zu ermitteln, zum Beispiel, wenn D variiert, für einen gegebenen Rang

---

[11] Zu Beginn des Vortrags war der Raum mit etwa 200 Personen fast voll. Während der Frageperiode ist etwa die Hälfte geblieben.

>1. Die Dichte sollte 0 sein, aber vielleicht gibt es ein asymptotisches Verhalten, also Beschränktheit von unten, was viel stärker sein würde, als einfach Kurven von beliebig hohem Rang zu finden.

Frage. Vielleicht wird beim Lehren von Mathematik, zumindest zu Beginn, das Lösen von Problemen zu sehr betont, statt zu zeigen, wie Probleme zu stellen sind. Das ist es, warum ich auf Ihre Äußerung zurückkomme, einige Leute hätten Modellierungen oder ähnliche Dinge in der angewandten Mathematik vorgeschlagen. Das ist sehr positiv: Fragen zu einfachen Problemen stellen, bevor man beginnt, sie zu lösen. Vielleicht liegt es genau dort beim Lehren von Mathematik im argen?

Serge Lang. Es gibt keine einzelne Stelle, wo es im argen liegt, es gibt mehrere. Wenn Sie mir Lehrbücher zeigen, werde ich konkret zu den Büchern sprechen. Ich kann wie schon vorhin kein allgemeines Rezept geben. Ich arbeite gern mit konkreten Beispielen und werde Ihnen in dem betreffenden Buch zeigen, was ich an ihm zu bemängeln habe. Es gibt immer viele Mängel, die von dem Lehrer abhängen, von der Klasse, von einer ganzen Reihe von Umständen, inneren und äußeren. Ungeachtet dessen, was ich gesagt habe, meinte ich allerdings nicht, daß es einen einzelnen Grund oder eine einzige Bedingung gibt, die Mängel verursacht.

Frage. Vielleicht wäre es von Nutzen, diese Mängel aufzuzählen?

Serge Lang. Vielleicht, aber danach, man müßte ... Hören Sie, ich habe den Vortrag vom letzten Jahr aufgeschrieben. Hier ist er. Das ist es, was ich zu sagen habe. Ich habe es gesagt, ich habe es getan und tue es dieses Jahr wieder. Die Vorlesung wird abermals veröffentlicht werden. Sie sehen, wie ich mich ausdrücke, wie ich Mathematik betreibe. Es ist ein ernstes Geschäft. Aber das heißt nicht, daß jemand anderes ebenso wie ich verfahren sollte, auf genau diese Weise. Tun Sie alles, wie Sie belieben. Mein Standpunkt ist niemals exklusiv. Ich spreche nur für mich selbst, ich liebe keine Verallgemeinerungen.

Ein Gymnasiast. Ich bin ein Gymnasiast, und es gibt etwas, was ich gegen den Mathematikunterricht einzuwenden habe.

Serge Lang. Welches Jahr?

Gymnasiast. 11. Klasse. Und schon in früheren Jahren sind mir Beweise vorgeführt worden. Doch ihre Analogie mit Musik ist mir nicht gezeigt worden, auch nicht, die Schönheit in ihnen zu erkennen. Was in der Schule getan worden ist, bringt uns nicht auf den Geschmack. Wenn man Musik betreibt, dann interessiert man sich für die Schönheit der Musik, nicht für ihren Rhythmus oder die Musiktheorie ...

Serge Lang. Auf jeden Fall, die schönen Beweise stehen nicht im Lehrplan. Es gibt eine ganze Menge davon, doch gewöhnlich werden sie weggelassen. Aber irgendwie fanden Sie Gefallen an dem, was ich heute getan habe, an diesen Strukturen, den diophantischen Gleichungen?

Gymnasiast. Ja.

Serge Lang. Stehen Sie auf Computer?

Gymnasiast. Ja.

Serge Lang. Wo, hier?

Gymnasiast. Nein, in meiner Schule, in einem Vorort. Aber wenn Sie wollen, denke ich a priori, daß Leute, denen man wie hier eine Sache bietet, nicht sogleich die Schönheit in ihr sehen werden, jedenfalls nicht jeder.

Serge Lang. Natürlich. Es gibt in ästhetischen Bereichen einige, die sie sogleich erkennen; es gibt einige, die sie später sehen, und es gibt welche, die sie niemals sehen. Das ist typisch bei ästhetischen Fragen. Ich verlange auch nicht, das schön zu finden, was ich schön finde. Überdies, die Formel, die wir hatten,

$$x_3 = -x_2 - x_1 + \left[\frac{y_2 - y_1}{x_2 - x_1} \right]^2 ,$$

sie ist ein bißchen kompliziert, doch die Tatsache, daß sie Ihnen unendlich viele Lösungen für die Gleichung liefern kann, finde ich faszinierend. Ich weiß nicht, was Sie denken, aber Sie haben genug Fragen gestellt, um zu zeigen, daß Sie positiv reagieren.

Der Physiker. Mir scheint, daß in französischen Schulen der Hauptgrund für die Schwerfälligkeit und den Verständnismangel darin besteht, daß man stets beabsichtigt, selbst sehr jungen Schülern eine logische Konstruktion vorzuführen, die vollständig unanfechtbar ist. Ob es sich um Physik oder Mathematik handelt – ein Lehrer kann sich niemals erlauben, etwas auszusagen, ohne einen klaren Beweis hierfür zu geben.

Serge Lang. Ich stimme vollständig mit dieser Bewertung überein, und ich bedaure das genauso wie Sie. Es ist wahr, daß die Lehrbücher zu einer gewissen Trockenheit tendieren und pedantisch sind. Ich habe sonst nichts zu sagen.

Ein Student. Ich bin ein Student, aber jene Probleme ..., wir sehen sie, haben aber keine Zeit, uns mit ihnen auseinanderzusetzen. Wenn wir es täten, würden wir noch mit vierzig Jahren am Anfang stehen.

Serge Lang. Aber niemand zwingt Sie, das die ganze Zeit zu tun. Wenn Sie in ein Konzert gehen, verlangt niemand von Ihnen, die ganze Zeit Musik zu treiben, bis Sie vierzig sind.

Student. Im Mathematikkurs lernen wir interessante Probleme kennen, aber wenn wir tiefer in sie eindringen, kostet das Stunden um Stunden, und dabei gibt es eine Menge andere Dinge zu tun. Der Lehrplan ist viel zu gewichtig, um uns zu erlauben, uns für solche Dinge zu interessieren.

Serge Lang. Es hängt vom Niveau ab. Ich denke, der Lehrplan ist auch mit Stoff angefüllt, der leicht herausgenommen werden könnte, ohne daß jemand ihn vermißt. *[Gelächter.]*

Student. Können Sie mir einige Punkte nennen?

Serge Lang. Bringen Sie mir Ihr Buch, und ich will es Ihnen zeigen. Sie können immer formale Übungen finden, bei denen niemand etwas lernt.[12]

[Der vorstehende Dialog ist einer langen – zu langen – Diskussion über das Lehren entnommen. Ich gehe jetzt zu meiner letzten Antwort über.]

Ich verbringe mein Leben damit, Mathematik zu betreiben; von Zeit zu Zeit auch mit Ihnen, so wie eben. Ich habe dies lieber als allgemeine Diskussionen. Ich ziehe es vor herzukommen, diesen Vortrag zu halten, Ihnen zu zeigen, wie ich lehre, meinen Finger auf Sie zu richten und Sie zum Fragen zu veranlassen ... und wenn es funktioniert, war das eine der Möglichkeiten, etwas zu tun. Vielleicht werden Sie auf diese Weise Ihren eigenen Weg finden, etwas zu tun, wie Sie es wünschen, andere zu bewegen. So bin ich wirklich tätig, statt mit Verallgemeinerungen hervorzutreten. Ich liebe keine Verallgemeinerungen. Das heißt nicht, daß ich niemals verallgemeinere, manchmal tue ich es, aber ich liebe es nicht.

Es bringt sogar einen gewissen Erfolg, was ich heute getan habe, zum Beispiel *[zeigt auf den Gymnasiasten]*, wie ist Ihr Name?

Gymnasiast. Gilles.

Serge Lang. Gilles ist einer von jenen, die Fragen zur Mathematik stellen. Andere haben sich auf didaktische Fragen zurückgezogen. Ich ziehe Gilles' Fragen vor.

Ein anderer Gymnasiast. *[Antoine, der auch letztes Jahr gekommen war.]* Sie haben uns gesagt, daß die Formeln

$$x = \frac{1 - t^2}{1 + t^2} \quad \text{und} \quad y = \frac{2t}{1 + t^2}$$

alle rationalen Lösungen von $x^2 + y^2 = 1$ außer $x = -1$ und $y = 0$ liefern. Können Sie uns jetzt den Beweis dafür geben?

Serge Lang. Ja, natürlich, ich habe sogar gehofft, jemand würde diese Frage früher stellen. Der Beweis ist einfach. Angenommen, (x, y) ist eine rationale Lösung. Man setze

$$t = \frac{y}{x + 1},$$

und fragen Sie mich nicht, woher das kommt; mit ein wenig Findigkeit

---

[12] Hier liegt ein Mißverständnis meinerseits vor. Ich spreche von Grundschulen und höheren Schulen. In den Hochschulen ist die Lage unterschiedlich und auf andere Art kompliziert. Ich sympathisiere mit dem, was er gesagt hat, aber hier ist nicht der Ort, um auf die widersprüchlichen Anforderungen in der Ausbildung an Universitäten einzugehen.

können Sie es selbst entdecken.[13] Wir erhalten dann

$$t(x + 1) = y$$

und finden durch Quadrieren

$$t^2(x + 1)^2 = y^2 = 1 - x^2 = (1 + x)\,(1 - x).$$

Man kann dann auf beiden Seiten $x + 1$ kürzen, und es folgt

$$t^2(x + 1) = 1 - x.$$

Daher ist $t^2 x + t^2 = 1 - x$ und

$$x(1 + t^2) = 1 - t^2.$$

Werden beide Seiten durch $1 + t^2$ dividiert, so findet man die Formel

$$x = \frac{1 - t^2}{1 + t^2}.$$

Eine weitere Zeile wird Ihnen die entsprechende Formel für y liefern.

Sie können die Argumentation auch geometrisch deuten, dank gewisser Ideen, die erst im 17. Jahrhundert aufgekommen sind, nämlich der Koordinaten und der Darstellung von Gleichungen durch Kurven. $y = t(x + 1)$ ist nämlich die Gleichung einer Geraden, welche durch den Punkt $x = -1$, $y = 0$ geht und deren Anstieg gleich t ist. Diese Gerade schneidet den Kreis vom Radius 1 im Punkt (x, y), so daß

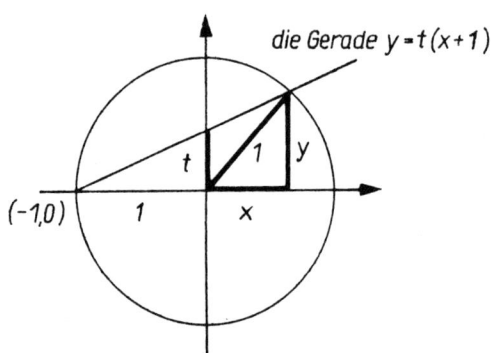

---

[13] G. Lachaud hat mich darüber informiert, daß Diophant und daher die Griechen nicht gefragt haben, ob die Formeln alle Lösungen liefern, und daß dieses Resultat auf die Araber des 10. oder 11. Jahrhunderts zurückgeht [La-Ra]. Die Algebra, die notwendig ist, um dieses Resultat zu beweisen, steht nahezu auf demselben Niveau wie die von Diophant verwendete, und wir sehen somit im nachhinein, daß man die Antwort ziemlich leicht finden kann, wenn erst einmal die Frage aufgeworfen worden ist.

$$x = \frac{1 - t^2}{1 + t^2} \quad \text{und} \quad y = \frac{2t}{1 + t^2}$$

wird, genau das, was wir eben gezeigt haben.

Ich möchte ein paar Worte zum Unterschied zwischen ganzzahligen und rationalen Lösungen hinzufügen. Wir haben gesehen, daß eine Gleichung wie

$$y^2 = x^3 + ax + b$$

unendlich viele rationale Lösungen haben kann, die als Vielfache nP eines gewissen rationalen Punkts P erhalten werden. Beispielsweise gingen wir im Beispiel

$$y^2 = x^3 - 2$$

von dem ganzzahligen Punkt $P = (3, 5)$ aus. Man kann beweisen, daß dies der einzige ganzzahlige Punkt auf der Kurve ist. Überdies gibt es einen sehr allgemeinen Satz von Siegel, der aussagt, daß die Anzahl der ganzzahligen Punkte auf einer Kurve $y^2 = x^3 + ax + b$ immer endlich ist [Si].

Wenn a, b ganze Zahlen sind, so muß nach einem Satz von Lutz/Nagell ein Punkt (x, y) endlicher Ordnung notwendig ein ganzzahliger Punkt sein, d. h., x, y sind ganze Zahlen. Natürlich gilt die Umkehrung nicht, wie am Punkt mit $x = 3$, $y = 5$ zu sehen, der nicht von endlicher Ordnung ist.

Hinsichtlich der Punkte endlicher Ordnung möchte ich Ihnen eine einfache Übungsaufgabe geben. Kehren wir zur Kurve $y^2 = x^3 + 1$ zurück. Wir haben die ganzzahligen Punkte:

$$x = 0, y = \pm 1; \quad x = 2, y = \pm 3; \quad x = -1, y = 0$$

gefunden, und ich sagte Ihnen bereits, daß es keine anderen rationalen Punkte gibt. Daraus folgt, daß für irgendeinen dieser Punkte, beispielsweise für $P = (2, 3)$, eines der Vielfachen nP mit einem geeigneten n gerade O ergeben muß. Somit bitte ich Sie, explizit $2P$, $3P$, $4P$, $5P$ auszurechnen. Mit den Additionsformeln ist das leicht, aber Sie können auch den Graphen verwenden. Sie werden alle anderen ganzzahligen Punkte finden und feststellen, daß

$$5P = -P$$

ist. Daraus folgt $6P = 5P + P = 0$, und der Punkt P hat die Ordnung 6.[14]

---

[14] Ich danke Herrn Brette dafür, daß er eine eindrucksvolle Illustration der Kurve gezeichnet hat, die sehr klar den unendlich fernen Punkt und die rationalen Punkte endlicher Ordnung darstellt. Man beachte, daß P_1 die Ordnung 6, P_2 die Ordnung 3 und P_3 die Ordnung 2 hat.

Herr Brette. *[Eine Frage, die zwei Tage später gestellt worden ist.]* Sie haben gesagt, daß die Ordnung eines rationalen Punkts höchstens gleich 12 ist. Wenn Sie jedoch alle reellen Punkte betrachten, gibt es da welche beliebiger Ordnung?

Serge Lang. Ja, und man kann sie sogar ganz genau beschreiben. Nehmen wir zunächst der Einfachheit halber an, daß kein Oval vorliegt. Dann gibt es für jede ganze Zahl $n \geqq 2$ einen Punkt P mit genau der Ordnung n (d.h., P hat keine kleinere Ordnung), so daß jeder Punkt der Ordnung n gleich einem ganzzahligen Vielfachen von P ist. Existiert ein Oval, dann ist die Lage bis auf einen Punkt der Ordnung 2 dieselbe.

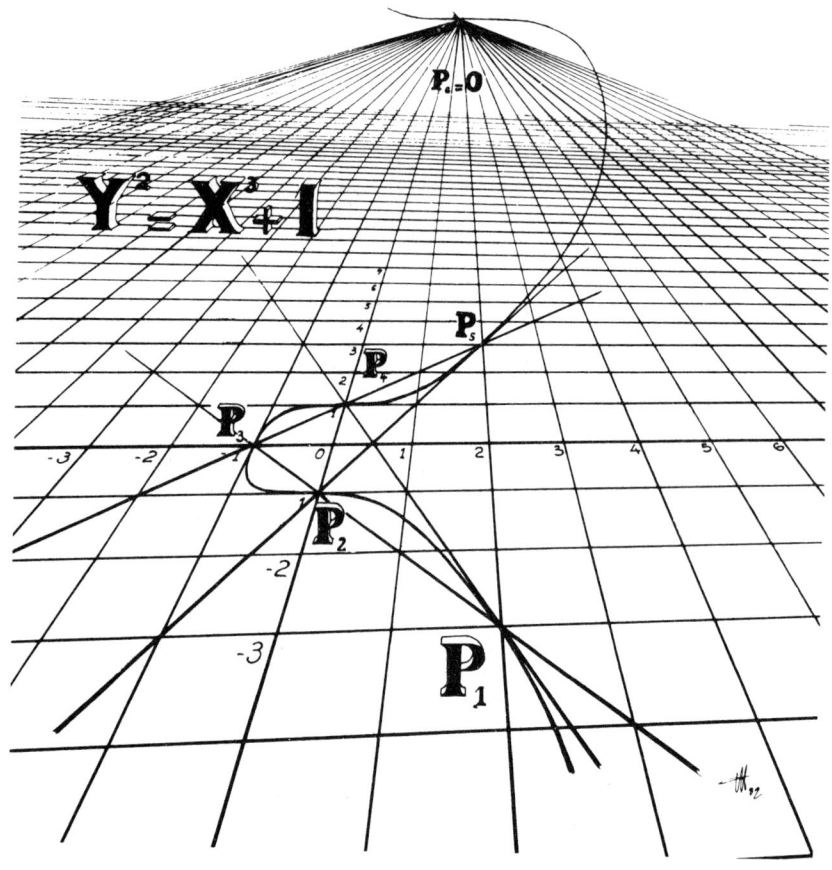

Hinzugefügt im August 1982

Im Anschluß an den Vortrag habe ich weiterhin über die Bestimmung von ganzzahligen und rationalen Punkten nachgedacht, um zu versuchen, zusammenhängendere Vermutungen darüber zu bekommen. Der

Siegelsche Beweis hat keine von den Koeffizienten a und b der Kurve

$$y^2 = x^3 + ax + b$$

abhängige obere Schranke für die ganzzahligen Punkte geliefert. Wir nehmen jetzt an, daß a, b ganze Zahlen sind. Im Spezialfall $y^2 = x^3 + b$ hat Baker [Ba] effektive Schranken angegeben, die jedoch weit von den bestmöglichen entfernt sind, welche man erwarten könnte. Zum Beispiel existiert eine Vermutung von Marshall Hall, die folgendes aussagt: Wenn b eine ganze Zahl ist, dann ist x dem absoluten Betrag nach durch b^2 mal eine gewisse Schranke beschränkt, die unabhängig von b ist.[15] Ich denke, man könnte etwas Ähnliches im allgemeinen Fall erwarten. Es wäre sehr interessant zu zeigen, daß eine gewisse Konstante k existiert, so daß für jeden ganzzahligen Punkt (x, y) die ganze Zahl x dem Absolutbetrag nach durch eine Konstante mal dem Maximum der Absolutbeträge von a^3 und b^2 zur k-ten Potenz beschränkt ist. Man kann dies in der Form

$$|x| \leqq C \max (|a|^3, |b|^2)^k$$

schreiben. Derartige Schranken zu finden, würde einen großen Fortschritt bei der Untersuchung solcher Kurven bedeuten.

Es wäre auch von Interesse, Schranken im Zusammenhang mit Punkten von unendlicher Ordnung zu finden. Genauer, $P = (x, y)$ sei ein rationaler Punkt. Man schreibe $x = c/d$ als Bruch, wie wir es bereits getan haben, und definiere die Höhe

$$h(P) = \log \max (|c|, |d|).$$

Überlegungen, die mit der Vermutung von Birch/Swinnerton-Dyer zu tun haben, führten mich zu der folgenden Hypothese, die auch jemandem verständlich ist, der nicht notwendig Zahlentheoretiker ist. Es gibt nach wachsender Höhe geordnete Punkte $P_1, ..., P_r$, wie wir sie früher betrachtet haben, so daß

$$h(P_r) \leqq C^{r^2} \max (|a|^3, |b|^2)^{1/12 + \varepsilon}$$

gilt, wobei C eine gewisse Konstante ist und ε mit unbeschränkt wachsendem $\max (|a|^3, |b|^2)$ gegen 0 strebt; siehe [La 2].

Die Existenz solcher Schranken würde einen effektiven Weg zur Bestimmung aller rationalen Punkte eröffnen, da diese, ausgehend von P_1, ..., P_r und Punkten endlicher Ordnung, durch Additionen und Subtraktionen ausgedrückt werden können.

---

[15] Man erinnere sich daran, daß der absolute Betrag einer Zahl der positive Teil dieser Zahl ist. Beispielsweise ist 3 der absolute Betrag von 3 und auch von -3. Der absolute Betrag von x wird mit $|x|$ bezeichnet.

Man beachte, daß es in den Tafeln, wie zum Beispiel der von Cassels oder Selmer, scheint, daß es eine bessere Schranke als die oben beschriebenen gibt. Setzt man

$$H(P) = \text{Maximum von } |c| \text{ und } |d|,$$

so bekommt man die approximative Ungleichung

$$H(P) \leq \max (|a|^3, |b|^2)^k$$

mit $k = 1, 2$ oder 3. Ich gebe ein der Tafel von Selmer entnommenes numerisches Beispiel, wo er die zur Fermatschen Gleichung verwandte Gleichung

$$X^3 + Y^3 = DZ^3$$

betrachtet. Herr Brette hat den Computer benutzt, um Selmers größte Lösung zurück auf die von uns betrachtete Form zu transformieren, d.h. auf

$$y^3 = x^3 + 2^4 3^3 D^2$$

mit $b = 2^4 3^3 D^2$.

Man nehme $D = 382$. Dann bekommen wir eine Lösung $x = u/z$ mit
$u = 96, 793, 912, 150, 542, 047, 971, 667, 215, 388, 941, 033,$
$z = 195, 583, 944, 227, 823, 667, 629, 245, 665, 478, 169.$

Der Leser kann diese Lösung mit b^2 vergleichen. Man wird finden, daß $u \leq b^6$ ist; mit $k = 3$ funktioniert es also. Es wäre von Interesse, eine statistische Analyse solcher Polynomschranken statt der früher vermuteten logarithmischen Schranken durchzuführen.

Anhang

Ich gebe im folgenden eine Tabelle von Cassels [Ca] wieder. Meine Kommentare beschreiben den Inhalt der Tafel und enthalten Hinweise darauf, wie die Spalten zu lesen sind.

Auf einer gegebenen Kurve

$$y^2 = x^3 - D \quad \text{mit} \quad -50 \leq D \leq 50$$

suchen wir rationale Punkte $P_1, \ldots, P_r$, so daß für jeden rationalen Punkt P auf der Kurve durch P eindeutig bestimmte ganze Zahlen $n_1, \ldots, n_r$ mit

$$P = n_1 P_1 + \ldots + n_r P_r + Q$$

existieren, wobei Q ein Punkt endlicher Ordnung ist. Daher ist r der Rang.

Tabelle 1
$$v^2 = u^3 - Dt^6$$

D	P_1			P_2		
	u	v	t	u	v	t
1		Keiner				
2	3	5	1			
3		Keiner				
4	2	2	1			
5		Keiner				
6		Keiner	1			
7	2	1	1			
8		Keiner				
9		Keiner				
10		Keiner				
11	3	4	1	15	58	1
12		Keiner				
13	17	70	1			
14		Keiner				
15	4	7	1			
16		Keiner				
17		Keiner				
18	3	3	1			
19	7	18	1			
20	6	14	1			
21	37	188	3			
22	71	119	5			
23	3	2	1			
24		Keiner				
25	5	10	1			
26	3	1	1	35	207	1
27		Keiner				
28	4	6	1			
29	3 133	175 364	3			
30	31	89	3			
31		Keiner				
32		Keiner				
33		Keiner				
34		Keiner				
35	11	36	1			
36		Keiner				
37		Keiner				
38	4 447	291 005	21			
39	4	5	1	10	31	1
40	14	52	1			
41		Keiner				
42		Keiner				
43	1 177	40 355	6			
44	5	9	1			
45	21	96	1			
46		Keiner				
47	12	41	1	63	500	1
48	4	4	1			
49	65	524	1			
50	211	3 059	3			

Tabelle 1 (Fortsetzung)
$$v^2 = u^3 - Dt^6$$

D	P_1			P_2		
	u	v	t	u	v	t
−1		Keiner				
−2	−1	1	1			
−3	1	2	1			
−4		Keiner				
−5	−1	2	1			
−6		Keiner				
−7		Keiner				
−8	2	4	1			
−9	−2	1	1			
−10	−1	3	1			
−11	7	19	2			
−12	−2	2	1			
−13		Keiner				
−14		Keiner				
−15	1	4	1	109	1 138	1
−16		Keiner				
−17	−1	4	1	−2	3	1
−18	7	19	1			
−19	5	12	1			
−20		Keiner				
−21		Keiner				
−22	3	7	1			
−23		Keiner				
−24	−2	4	1	1	5	1
−25		Keiner				
−26	−1	5	1			
−27		Keiner				
−28	2	6	1			
−29		Keiner				
−30	19	83	1			
−31	−3	2	1			
−32		Keiner				
−33	−2	5	1			
−34		Keiner				
−35	1	6	1			
−36	−3	3	1			
−37	−1	6	1	3	8	1
−38	11	37	1			
−39	217	3 107	2			
−40	6	16	1			
−41	2	7	1			
−42		Keiner				
−43	−3	4	1	57	2 290	7
−44	−2	6	1			
−45		Keiner				
−46	−7	51	2			
−47	17	89	2			
−48	1	7	1			
−49		Keiner				
−50	−1	7	1			

In allen Fällen haben wir $r = 0$, 1 oder 2. Es sei beispielsweise

$$P_1 = (x, y).$$

Einer Tabelle mit rationalen Zahlen ziehen wir die ganzen Zahlen vor. Wir drücken also die rationalen Zahlen x, y als Brüche

$$x = u/t^2 \quad \text{und} \quad y = v/t^3$$

mit ganzen Zahlen u, v, t aus, so daß die Gleichung der Kurve mittels u, v, t in der Form

$$v^2 = u^3 - Dt^6$$

geschrieben werden kann.

„Keiner" bedeutet, daß der Rang gleich 0 ist und somit die einzigen rationalen Punkte von endlicher Ordnung sind, wenn es welche gibt.

Die erste Spalte gibt P_1 an, wenn er existiert.

Die zweite Spalte gibt P_2 an, wenn er außer P_1 existiert.

Bibliographie

[Ba] A. BAKER: Contributions to the theory of Diophantine equations II: The Diophantine equation $y^2 = x^3 + k$. *Phil. Trans. Roy. Soc. London* A 263 (1968), 173–208.

[B-SD] B. J. BIRCH; P. SWINNERTON-DYER: Notes on elliptic curves I. *J. Reine Angew. Math.* 212 (1963), 7–25.

[Ca] J. W. CASSELS: The rational solutions of the diophantine equation $y^2 = x^3 - D$. *Acta Math.* 82 (1950), 243–273.

[Did] DIDEROT: Artikel „Dimension". *Encyclopédie* Vol. 4 (1754), 1010.

[Di] DIOPHANTE D'ALEXANDRIE: *Les six livres arithmétiques et le livre des nombres polygones*; traduction française Paul ver Eecke. Paris: Albert Blanchard 1959.

[Go] D. GOLDFELD: *Conjectures on elliptic curves over quadratic fields*. In: Number Theory, Carbondale 1979. Lecture Notes in Mathematics Vol. 751. Berlin: Springer-Verlag 1979, 108–118.

[Ha] M. HALL: The diophantine equation $x^3 - y^2 = k$. *Computers and Number Theory*. New York: Academic Press 1971, 173–198.

[La-Ra] G. LACHAUD; R. RASHED: Une lecture de la version arabe des „Arithmétiques" de Diophante; vgl. die *Oeuvres de Diophante*, Collection Guillaume Budé. Paris: Les Belles Lettres 1984.

[La 1] S. LANG: *Elliptic Curves: Diophantine analysis*. New York: Springer-Verlag 1978.

[La 2] S. LANG: *Conjectured diophantine estimates on elliptic curves*. In: Arithmetic and Geometry, Papers Dedicated to I. R. Shafarevich on the Occasion of His Sixtieth Birthday, Vol. I. Boston/Basel: Birkhäuser 1983, 155–171.

[Ma] B. MAZUR: Modular curves and the Eisenstein ideal. *Pub. Math. IHES* 1978.

[Mo] L. J. MORDELL: On the rational solutions of the indeterminate equation of the third and fourth degrees. *Proc. Camb. Phil. Soc.* 21 (1922), 179–192.

[Ne] A. NÉRON: Quasi-fonctions et hauteurs sur les variétés abéliennes. *Ann. of Math.* 82 No. 2 (1965), 249–331.

[Poi] H. POINCARÉ: Arithmétique des courbes algébriques. J. de Liouville, 5ᵉ série, t. VII, fasc. III (1901), 161–233, *Oeuvres complètes*, t. V. Paris: Gauthier-Villars 1950.

[Pod] V. D. POSDIPANIN: On the indeterminate equation $x^3 = y^2 + Az^6$. *Math. Sbornik* XXIV (66), No. 3 (1949), 392–403.

[Si] C. L. SIEGEL: The integer solutions of the equation $y^2 = ax^n + bx^{n-1} + \ldots + k$. *J. London Math. Soc.* 1 (1926), 66–68 (unter dem Pseudonym X).

[Tu] J. B. TUNNELL: A classical diophantine problem and modular forms of weight 3/2. *Invent. Math.* 72 (1983), 323–334.

[vN] J. v. NEUMANN: The role of mathematics in the sciences and in society, address to Princeton Graduate Alumni. *Complete works*, Vol. VI. Oxford: Pergamon Press 1963, 477–490.

Große Probleme der Geometrie und des Raumes

28. Mai 1983

Zusammenfassung: *Mathematik zu betreiben heißt, große mathematische Probleme aufzuwerfen und zu versuchen, sie zu lösen. Sie schließlich zu lösen. Diesmal werden Probleme der Geometrie und des Raumes behandelt und geometrische Objekte in den Dimensionen 2 und 3 klassifiziert. Die Dimension 2 ist klassisch: es ist die Klassifikation von Flächen, die durch Anheften von Henkeln an Sphären entstehen. Man kann Flächen auch unter Benutzung der Poincaré-Lobatschewskischen oberen Halbebene beschreiben. Was geschieht in höheren Dimensionen? Für Dimensionen ≥ 5 hat Smale 1960 entscheidende Resultate erzielt. 1982 veröffentlichte Thurston bedeutende Ergebnisse in der Dimension 3. Er vermutete, wie solche Objekte von einfachen Modellen ausgehend konstruiert werden können, und ferner, wie man sie aus dem Analogon der oberen Halbebene in 2 Dimensionen erhalten kann. Er hat einen guten Teil seiner Vermutungen bewiesen. Wir werden Thurstons Vision beschreiben.*[1]

Erster Teil: Gummigeometrie.
  Kurven, Flächen, Äquivalenzen, Oktopusse, Summen geometrischer Objekte.

Zweiter Teil: Abstandsgeometrie.
  Euklidische Geometrie, nichteuklidische Geometrie, Abstände, Bewegungen, Translationen, Rotationen, Spiegelungen, Identifizierungen.

Die Verbindung zwischen beiden und Thurstons Vermutung.

---

[1] 1985 erzielten M. Freedman und S. Donaldson große Resultate in der Dimension 4.

Es ist ungewöhnlich, daß an einem Samstagnachmittag im Mai 230 Personen zusammenkommen, nicht nur, um einer Vorlesung über Mathematik zuzuhören, sondern auch, um aktiv teilzunehmen, Fragen zu beantworten, kurz, über Mathematik nachzudenken und daran Vergnügen zu finden. Es ist wahr, daß der Enthusiasmus des Vortragenden, die Energie, die von ihm ausstrahlt, und die Sorgfalt, die er walten läßt, um seinen Gegenstand und seine Gedanken zu erklären, kaum eine Zuhörerschaft unberührt lassen. Andererseits scheint es klar, daß das Vergnügen geteilt wird. Erstens vor allem von mir, aber auch von Serge Lang. Man erkennt bei ihm, was für einen guten Lehrer selbstverständlich sein sollte: Befriedigung angesichts der positiven Reaktionen durch das Publikum und der Relevanz der Fragen, die von seiner Zuhörerschaft kommen, insbesondere von Gymnasiasten. Nach dem Erfolg der ersten beiden Vorlesungen kann man leicht verstehen, daß ich ihn wieder einladen wollte und daß er angenommen hat. Nicht ohne gewisses Zögern, weil er sagte, daß es schwierig sein werde, abermals einen echt mathematischen Gegenstand zu wählen, der trotzdem einem breiten Publikum verständlich sein würde. Zwei Wochen später teilte er mir telefonisch mit, daß er einen möglichen geometrischen Gegenstand gefunden habe, ihn sich aber noch aneignen müsse. Auf meine Frage: „aus welchen Büchern?" erwiderte er: „ich weiß nicht, wie sie zu lesen sind ... Oder vielmehr, ich weiß es schon, aber ich mag es nicht. In einem Buch ist nicht jedes gleichwichtig, doch man weiß das nicht, bevor man alles gelesen hat. Viel schneller geht es, einen Freund zu bitten, einem diese Sache zu erklären. Das ist lebendiger, und ich kann Fragen stellen."

Im Laufe des Jahres erhielt ich dann sukzessive Versionen seines Vortrags, die von seiner Sorge um Klarheit und Einfachheit zeugten. Aber es ist für mich kaum notwendig zu sagen, daß diese Versionen nur blasse Skizzen waren, verglichen mit dem nun folgenden Text, der exakt die Bandaufzeichnung seiner Marathonvorlesung reproduziert, die über drei Stunden dauerte.

Jean Brette

Die Vorlesung

Die erste Stunde

Dies ist das dritte Mal, daß ich ins Palais de la Découverte gekommen bin, um mit Ihnen Mathematik zu treiben. Herr Brette hat mich das erste Mal eingeladen, und es funktionierte. Daher bin ich wiedergekommen. Ich sehe ziemlich viele Leute hier, die schon letztes Mal da waren. Wer war damals schon hier?

[Etwa fünfzig Hände gehen hoch.]

Gut. Ich sehe da drüben Antoine, er ist schon zweimal dabei gewesen, gehört also zu den Getreuen. Wer letztes Mal hier war, erinnert sich vielleicht, daß ich kurz vor Vorlesungsbeginn im Büro von Brette in ein Schulbuch geschaut hatte und ganz aufgebracht war. Es kostete mich damals gut zwanzig Minuten, um darüber hinwegzukommen. Ich weiß nicht, ob Sie es bemerkt haben: heute vor der Vorlesung hörten Sie eine Platte mit Lautenmusik, mit jener Musik, die ich am meisten liebe. Brette spielte sie ab, um mich zu beruhigen. *[Gelächter.]*

Vor zwei Jahren machte ich etwas mit Primzahlen, und letztes Jahr befaßte ich mich mit einem anderen Thema, mit diophantischen Gleichungen. Und ich fragte die Leute, was für sie Mathematik bedeutet. Jemand sagte mir: „Es geht darum, mit Zahlen zu arbeiten." Nun, derartige Antworten sind nichtssagend, sie drücken überhaupt nicht aus, was es heißt, Mathematik zu machen. Ich wollte Ihnen zeigen, worum es in der Mathematik und bei den großen Problemen der Mathematik geht und warum man durch sie in Spannung versetzt wird.

In Wirklichkeit habe ich in den ersten beiden Vorträgen Dinge getan, die ein wenig mit Algebra zusammenhängen, ja teilweise sogar sehr eng. Insbesondere habe ich letztes Jahr einige Formeln aufgeschrieben, und unmittelbar danach sind sechs Personen gegangen, weil Formeln ... nun, die Leute mögen sie nicht so sehr. Manchmal jedoch sind Formeln notwendig. Aber ich fragte mich, ob es möglich sein würde, etwas ohne irgendwelche Formeln zu tun, ohne eine Verbindung zur Algebra und ohne Zahlen. Das bedeutet, etwas Geometrisches zu tun, im Raum, mit Problemen, die mit geometrischen Objekten zusammenhängen.

Das ist aber nicht die Mathematik, die ich selbst gewöhnlich betreibe. Persönlich neige ich zu Algebra und Zahlentheorie. So dachte ich darüber nach, als ich Paris verließ, um nach Bonn zu fahren, und versuchte mir auszudenken, worüber ich dieses Jahr sprechen könnte. Seit zwanzig, fünfundzwanzig Jahren gehe ich jedes Jahr zu dieser Zeit nach Bonn. Der Mathematiker Hirzebruch organisiert dort die „Arbeitstagung", und die Leute, die dorthin gehen, sind meist an geometrischen Dingen interessiert. Ich habe mich mit einigen von ihnen unterhalten und dabei erkannt, daß es möglich sein würde, über einen vor etwa einem Jahr entdeckten Gegenstand der modernen Forschung hier zu sprechen.

Es ist sehr nett in Bonn. Mathematiker halten ihre Tagungen gern in möglichst angenehmer Umgebung ab. Dort in Bonn betreiben wir Mathematik zwischen einem Glas Rheinwein, einem Erdbeertörtchen – es ist gerade Erdbeerzeit – und einem Bootsausflug auf dem Rhein.

Es bleibt aber stets Zeit für die Mathematik, und so habe ich dort jene Sache gelernt, über die ich heute sprechen will, über einige jüngste Entdeckungen eines gewissen Thurston. Ich habe sie von Walter Neumann gelernt. Drei Stunden brachten wir vor einer Wandtafel zu. Er zeigte mir, was Thurston getan hat, und heute gebe ich es an Sie weiter.

Ich weiß wirklich nicht, ob es mir möglich sein wird, in dieser Weise fortzufahren, andere Gegenstände zu finden, denn das ist nicht so leicht. Es muß sich um richtige Mathematik handeln, die von richtigen Mathematikern betrieben wird. Andererseits muß sich das auch einem Samstagnachmittagspublikum erklären lassen. Und wie in allen ästhetischen Situationen mag es dem einen zusagen, dem anderen nicht. So steht nicht von vornherein fest, daß dies funktionieren wird. Es ist eine Frage des persönlichen Geschmacks und der persönlichen Reaktionen, die Sie einem speziellen Gegenstand gegenüber haben mögen.

Schön, also was ich tun möchte, ist geometrische Objekte zu klassifizieren. Wir sind hierzu unmittelbar motiviert. Schließlich leben wir in einem Raum von mindestens drei Dimensionen. Sie alle wissen aber, daß es mehr als drei Dimensionen geben kann. Wir wollen also die Art von Raum beschreiben, in dem wir leben, wir wollen wissen, wie er aussieht. Lokal, zum Beispiel in diesem Saal, handelt es sich um einen dreidimensionalen Raum.

Als ein Modell mag das angehen. Aber wir wissen bereits, daß es nicht funktioniert, wenn man sehr weit in die Ferne schaut. Wir wissen, daß dann das euklidische Modell falsch ist. In eingeschränkten Fällen funktioniert es zwar, doch auf andere Situationen ist es nicht anwendbar. Was tun nun die Physiker? Sie versuchen herauszufinden, welche Modelle anwendbar sind. Aber ein Mathematiker, d. h. ein reiner Mathematiker, kümmert sich nicht darum, ob seine Modelle, die er sich ausdenkt, angewendet werden können oder nicht. Er konstruiert hübsche Modelle, geometrische Modelle, und ihn interessiert lediglich, ob sie schön sind. Er macht sich keine Sorgen darum, ob sich mit diesen Modellen das Universum beschreiben läßt oder nicht.

Und man kann solche Modelle in der Dimension 1, der Dimension 2, der Dimension 3 aufstellen oder auch in höheren Dimensionen wie 4, 5 oder wie auch immer. Ich dachte für einen Moment daran, dies heute in etwas höheren Dimensionen zu tun, aber ich erkannte schnell, daß dies nicht möglich sein würde, jedenfalls nicht in anderthalb Stunden. Es hätte zu viel Vorbereitung erfordert. So werde ich mich auf die Dimensionen 1, 2 und 3 beschränken.

Nun, eindimensionale Objekte sind wie dies, es sind Kurven:

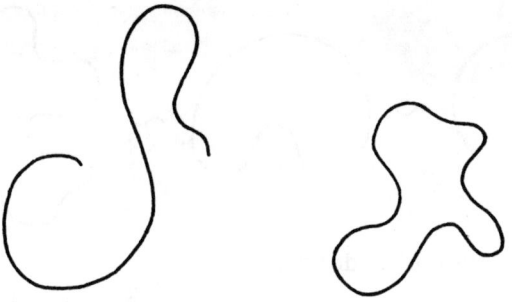

Eine Dame. Und eine Gerade?

Serge Lang. Eine Gerade ist ein spezieller Kurventyp. Wenn ich nun einen Kreis und andere Kurven wie diese nehme, dann sieht eine aus wie die andere.

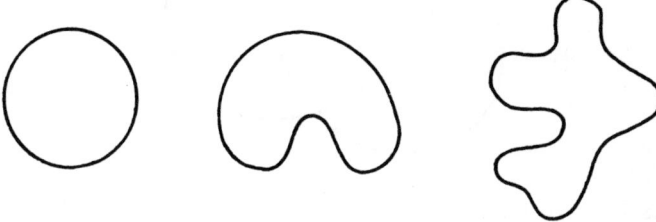

Sollten wir sie als äquivalent betrachten? Was für gemeinsame Eigenschaften haben sie?

Jemand. Sie sind geschlossen.

Serge Lang. Ja, sie sind geschlossen, sie drehen sich herum. Wenn ich jedoch folgendes Intervall nehme:

_____

dann dreht es sich nicht herum, es ist ein Intervall.

Aber die drei Kurven sind geschlossen. Hinsichtlich vieler Eigenschaften wollen wir zwischen diesen drei Kurven keinen Unterschied machen und sagen daher: diese Kurven sind äquivalent.

Was bedeutet „äquivalent" allgemein? Nun, ich will keine formale Definition geben. Wir stellen uns einfach vor, daß alles aus Gummi sei. Wir betreiben Gummigeometrie und sagen: Zwei Objekte sind äquivalent, wenn man sie – bestünden sie aus Gummi – durch Ziehen in einer Richtung und Drücken in einer anderen ineinander deformieren kann. Das ergibt einen Äquivalenzbegriff.

Somit ist klar, daß ich die Kurve, wenn sie ein Gummiband ist, in die andere Kurve deformieren kann oder auch in einen Kreis. Diese Kurven sind folglich äquivalent. Um die Äquivalenz zu bezeichnen, benutze ich das Symbol ~ und kann schreiben:

Ich kann auch etwa folgendes zeichnen:

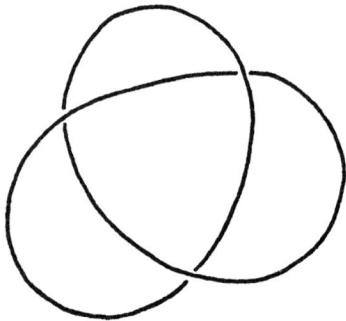

Ist dieses Ding geschlossen oder offen?

Zuhörerschaft. Es ist geschlossen.

Serge Lang. Ist es dann zu den anderen äquivalent oder nicht? Angenommen, es wäre ein Gummiband. Wer meint, es ist zu den anderen äquivalent?

[Einige Hände werden gehoben.]

Wer meint, es ist nicht äquivalent?

[Andere Hände gehen hoch.]

Wer schweigt vorsichtshalber? *[Gelächter.]* Sie zum Beispiel. *[Serge Lang zeigt auf eine Dame in der dritten Reihe.]*

Die Dame. Es ist nicht äquivalent. Es liegt ein Knoten vor.

Serge Lang. Ja, es gibt einen Knoten. Als ich gesagt habe, die anderen Kurven seien äquivalent, konnte ich sie in der Ebene ineinander deformieren. Ich meine, wenn sie Gummibänder wären, könnte ich die Deformation ganz in der Ebene ausführen. Aber der Knoten hier oben existiert im dreidimensionalen Raum, und Ihre Vorstellung ist richtig: ich kann ihn im dreidimensionalen Raum nicht in den Kreis deformieren. In gewissem Sinne unterscheidet sich der Knoten also vom Kreis und von den anderen Kurven. Können Sie sich jedoch eine Situation vorstellen, in der man den Knoten in einen Kreis deformieren kann? Antoine, was sagen Sie?

Antoine. *[Die Antwort ist auf dem Band nicht zu hören.]*

Eine Dame. Manchmal kann man zwei Knoten machen, die zueinander entgegengesetzt sind und einander aufheben.

Serge Lang. Jetzt ist der Knoten im dreidimensionalen Raum. Es liegt jedoch kein Grund vor, uns auf diesen Raum zu beschränken. Tatsache ist, daß man den Knoten im vierdimensionalen Raum so deformieren kann, daß er ein Kreis wird. Es läßt sich auch beweisen, daß dies im dreidimensionalen Raum unmöglich ist. Obgleich wir uns auf unsere Vorstellung im Dreidimensionalen stützen können, wenn wir in höheren Dimensionen etwas beweisen wollen, sollte man die Sache zunächst genauer aufschreiben. Die Anschauung wird doch ziemlich heikel. Ich will Ihnen verständlich machen, daß diese Dinge nicht so einfach sind.

Wir sehen jetzt, daß sich zwei verschiedene Fragen stellen lassen:

Können wir den Knoten im dreidimensionalen Raum in den Kreis deformieren?

Können wir ihn abstrakt oder in einem höherdimensionalen Raum deformieren?

Die Antworten fallen ganz verschieden aus, je nach dem Raum, in den wir den Knoten einbetten.

Zunächst hatte ich nicht gesagt, wo Sie die Deformation vornehmen können, als ich den Begriff der Äquivalenz definierte. Jetzt sage ich, daß Deformationen in Räumen beliebig hoher Dimension, höher als 2 oder 3, zugelassen sind. Die Dimension des Kreises, die 1 ist, ist also gut zu unterscheiden von der Dimension des Raumes, in dem wir den Kreis betrachten.

Jetzt will ich noch einiges über Deformationen sagen. Nehmen Sie etwas, das kein Kreis ist, beispielsweise ein Intervall mit oder ohne seine Endpunkte:

| mit Endpunkten | ohne Endpunkte |

Wenn ich die Endpunkte einbeziehe, heißt das Intervall abgeschlossen. Nehme ich sie nicht dazu, dann heißt das Intervall offen. Angenommen, das Intervall ist aus Gummi, und ich deformiere es wie folgt *[Serge Lang zeichnet, während er spricht]*:

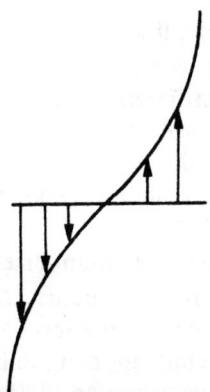

Die Punkte rechts bewege ich nach oben und die Punkte links nach unten. Ich nehme also das Gummiband und strecke es nach oben, während ich nach rechts gehe, aber immer schneller. Und gehe ich nach links, dann strecke ich es nach unten, gleichfalls immer schneller. Wir sehen nun, daß das Intervall zu einer Kurve äquivalent ist, die sich beliebig weit weg entfernt, die sich ins Unendliche erstreckt, wie man manchmal sagt.

[Jemand hebt die Hand.]

Serge Lang. Ja?

Eine Dame. Sie schließt sich im Unendlichen.

Serge Lang. Nein. Unendlich ist kein Punkt. Nehmen Sie eine Gerade wie folgt:

Diese Gerade schließt sich nicht.

Ein Herr. Wenn sie aus Gummi besteht, kann man sie schließen. *[Gelächter.]* Sie ist kein Intervall, aber aus einem Intervall läßt sich auch ein Kreis machen.

Serge Lang. Aufgepaßt! Wenn Sie die Gerade schließen oder das Intervall, dann müssen Sie am Ende gewisse Punkte übereinanderlegen. Nehmen Sie ein Intervall mit seinen Endpunkten. Verbinde ich die Endpunkte, entsteht ein Kreis.

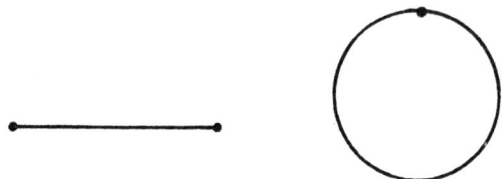

Der Herr. Aber das Intervall kann in einen Kreis deformiert werden.

Serge Lang. Nein, denn wenn ich es in einen Kreis deformiere und die beiden Endpunkte identifiziere, dann verstoße ich gegen die Definition der Deformation. Wir wollen das Wort Deformation in dem Sinne benutzen, daß keine Identifizierungen zugelassen sind. Wenn zwei Punkte also verschieden sind, dann müssen sie im Verlauf der Deformation stets verschieden bleiben.

Herr. Aber wenn ich sie nebeneinandersetze …

Serge Lang. Nein, nein. Ich will nicht! *[Gelächter.]* Es ist eine Definitionsfrage. Für die Anwendungen, die ich hier zu machen habe, will ich das Wort „Deformation" benutzen, d. h., daß zwei verschiedene Punkte auch bei der Deformation verschieden bleiben müssen. Einverstanden?

Herr. Ja.

Serge Lang. Gut. Natürlich gibt es andere Begriffe, wo Identifizierungen erlaubt sind. In der Tat sprechen wir schon bald über derartige Begriffe und wie sie zu benutzen sind. Aber hier – für Deformationen – lasse ich sie nicht zu.

Ich habe Ihnen genau dieses spezielle Phänomen zeigen wollen, daß man ein Intervall ohne seine Endpunkte in ein unendliches Band deformieren kann, welches seinerseits zu einer unendlichen Geraden äquivalent ist. Eine Äquivalenz zwischen diesem unendlichen Ding und der unendlichen Geraden läßt sich wie folgt zeichnen:

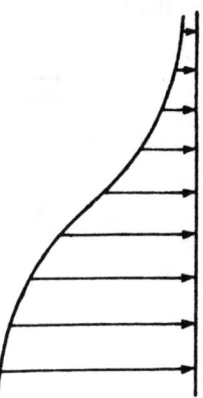

Ich kann also die Kurve zu einer Geraden ausstrecken. Und das ist der Äquivalenzbegriff, mit dem ich arbeiten will.

Nun, wir haben bisher nur über eindimensionale Dinge gesprochen. Aber bereits bei der Dimension 1 sehen wir, daß man einige Probleme stellen kann. Sie könnten nun aber denken, alles sei bereits bekannt, doch das ist nicht der Fall.

Als nächstes betrachten wir die Dimension 2. Da wird es etwas komplizierter. Objekte der Dimension 1 heißen Kurven, Objekte der Dimension 2 heißen Flächen. Dabei gibt es Flächen mit Rand und Flächen ohne Rand.

Als Beispiel für eine Fläche nehme ich die Kreisscheibe, das Innere eines Kreises. Betrachten wir den Kreis zusammen mit seinem Inneren, dann bekommen wir eine Fläche mit Rand. Die Kreislinie ist der Rand der Kreisscheibe. Wir können also die Kreisscheibe als eine Fläche ohne Rand betrachten, wenn wir die Kreislinie auslassen, und mit Rand, wenn wir sie hinzunehmen.

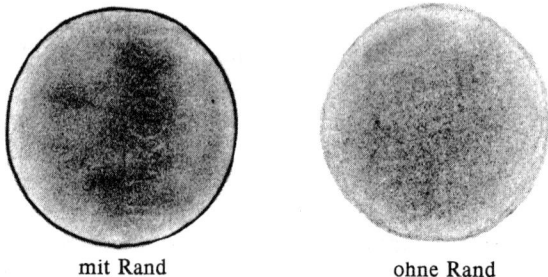

mit Rand   ohne Rand

Nun, wenn die Kreisscheibe aus Gummi besteht, dann kann ich sie auch auf andere Weise darstellen:

Beispielsweise kann ich das Innere eines Quadrats nehmen. Dessen Rand ist dann der Umfang des Quadrats.

Wenn alles aus Gummi ist, sind diese Flächen dann äquivalent?

Zuhörerschaft. Ja.

Serge Lang. Das ist richtig, sie sind äquivalent. Ich kann die Kreisscheibe nehmen und sie strecken, um ein Quadrat, das Innere eines Quadrats, zu erhalten.

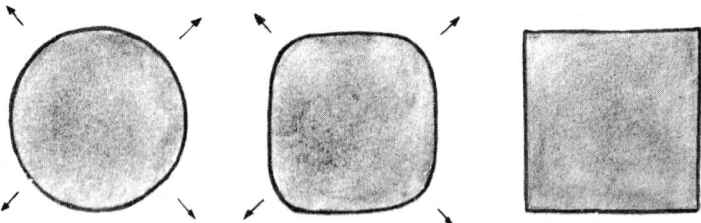

Und der Rand unserer Kreisscheibe, der Kreis, wird zum Rand des Quadrats.

[Eine Hand wird gehoben.]

Serge Lang. Ja?

Herr. Aber es gibt einen gewissen Unterschied, wegen der Ableitungen.

Serge Lang. Natürlich, es gibt Ecken. Der Herr sagt, es gibt einen Unterschied, und er hat ganz recht. Es gibt einen Unterschied, aber nicht vom Standpunkt unserer Gummigeometrie aus. Man kann andere Äquivalenzarten definieren, für die beide Objekte nicht äquivalent sind, weil die bei der Ausdehnung der Kreisscheibe entstehende Ecke offensichtlich nicht glatt ist. Sie könnten sogar sagen, daß die Ecke von einem gewissen Standpunkt aus entsetzlich ist. *[Gelächter.]* Sie ist nicht glatt, aber sie ist auch nicht schön gekrümmt. Es ist in gewissem Sinne etwas anderes. Doch es gibt auch eine mathematische Theorie der Ecken, und Sie sehen jetzt folgendes: wir sind von etwas relativ Einfachem ausgegangen und können nun schon eine Menge Fragen stellen, die sich wie ein Baum entwickeln:

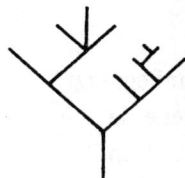

Wir klettern den Baum hoch und finden dort zwei oder mehr Möglichkeiten zum Weitergehen. Je nachdem, mit welcher Äquivalenzrelation Sie arbeiten, werden Sie auf dieselbe Frage verschiedene Antworten erhalten. Aber jetzt will ich nur die Gummiäquivalenz betrachten. Dann sind die Kreisscheibe und das Quadrat äquivalent.

Natürlich hängt das nicht von ihrer Größe ab. Ich kann das Quadrat groß wählen oder auch klein; wenn es aus Gummi hergestellt ist, wird es immer zur Kreisscheibe äquivalent sein.

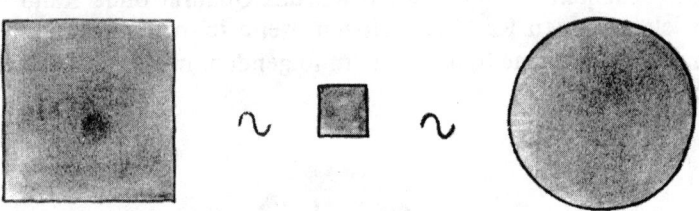

Nehme ich genau das Innere der Kreisscheibe ohne die Kreislinie, dann bekomme ich eine Fläche ohne Rand oder das Quadrat ohne

---

Eine Person, die nach etwa zwanzig Minuten hinausgegangen war, sagte zum Pförtner: „Mag ja sein, daß ich nicht schlau genug bin, aber ich halte das Ganze für eine Farce.“

Rand. Das ist ähnlich zu dem Intervall ohne seine Endpunkte. Sie erinnern sich an unser Intervall ohne Endpunkte? Jetzt nehme ich das Innere des Quadrats oder der zu ihr äquivalenten Kreisscheibe ohne Rand und die Ebene, die sich in allen Richtungen ins Unendliche erstreckt. Denken Sie, daß das Innere des Quadrats zur Ebene äquivalent ist?

Wer sagt „Ja"?

Ein Herr. Die Ebene ist unbegrenzt?

Serge Lang. Es ist die Ebene, ja, sie ist unendlich.

Herr. Das Quadrat ist ohne Rand?

Serge Lang. Richtig, es hat keinen Rand. Ich habe ihn weggenommen und deshalb die punktierten Linien gezeichnet.

Herr. Dann ist es auch unbegrenzt?

Serge Lang. Wie Sie sagen, es ist unbegrenzt.

Herr. Dann sind sie äquivalent.

Serge Lang. Richtig. Das Quadrat ohne Rand ist zu der Ebene äquivalent. Um es zusammenzufassen: Jedes Intervall ohne Rand ist zu einer unendlichen Geraden äquivalent, und jedes Quadrat oder jede Kreisscheibe ohne Rand ist zur ganzen Ebene äquivalent.

Aber beachten Sie bitte: wenn ich das Quadrat ohne Rand nehme, kann ich noch den Rand hinzufügen, wenn ich will. Angenommen jedoch, ich nehme eine Sphäre wie im folgenden, nämlich die Oberfläche einer Kugel:

Dies ist eine Fläche, aber sie hat keinen Rand. Einverstanden? Und wenn ich sie strecke, ist es dann möglich, sie in solcher Weise zu strekken, daß sich Teile von ihr beliebig weit entfernen?

Herr. Sie können den Ballon unbegrenzt aufblasen.

Serge Lang. Aufgepaßt! Ich will den Ballon nicht zerreißen. *[Gelächter.]* Die Objekte müssen äquivalent bleiben. Ich blase den Ballon auf und buchte ihn etwas ein oder aus wie Gummi, darf ihn jedoch nicht zerreißen.

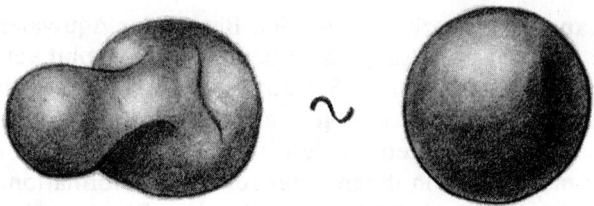

Aber wenn ich ihn ausdehne, könnte ich dann ebenso wie beim Intervall ohne Endpunkte Teile beliebig weit wegbewegen? Wer sagt „Ja"?

[Einige Hände werden gehoben.]

Wer sagt „Nein"? Tatsächlich lautet die Antwort „Nein". Nehmen wir beispielsweise das Intervall mit seinen Endpunkten. Kann ich es so strecken, daß es zu etwas Unendlichem äquivalent wird?

Eine Dame. Es würde beschränkt sein.

Serge Lang. Das ist richtig. Man kann beweisen, daß es unmöglich ist: Das Intervall mit seinen Endpunkten ist nicht äquivalent zu einem unendlichen Objekt.

Dame. Meinen Sie, daß die Endpunkte festzuhalten sind?

Serge Lang. Oh nein! Sie sind nicht notwendig fest, sie können sich bewegen. Beispielsweise ist das Intervall äquivalent zu folgendem Gebilde:

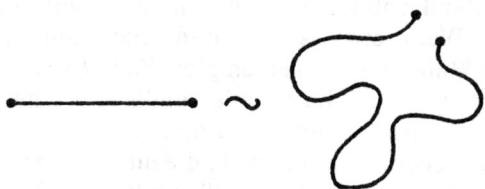

Es genügt, ein bißchen zu ziehen, zu drücken und zu strecken. Das Problem besteht jedoch darin, herauszufinden, ob ich immer schneller strecken kann, wie beim Intervall zuvor. Was passiert, wenn ich immer schneller strecke? Die Endpunkte müßten sich auch irgendwohin bewegen. Aber es ist kein Platz da für sie. Zuvor bewegten sich die Punkte des Intervalls um so höher oder um so niedriger, je näher man zu den Endpunkten kam. Ich müßte somit die Endpunkte abreißen, um sie in die Deformation einzubeziehen, doch genau das habe ich nicht erlaubt.

Ein Herr. Sie können die Endpunkte nach Unendlich bringen.

Serge Lang. Nein, wir müssen in der Ebene bleiben. Es gibt keinen unendlich fernen Punkt in der Ebene. Zwar gibt es Punkte, die so weit entfernt liegen, wie Sie wollen, aber beides ist nicht dasselbe.

Herr. Warum ist es verboten?

Serge Lang. Es ist verboten, um den Begriff der Äquivalenz zu definieren. Es ist nicht grundsätzlich verboten, nicht absolut verboten. Für andere Anwendungen können Sie zur Ebene einen unendlich fernen Punkt hinzufügen, doch darum geht es mir heute nicht.

Sie haben also zu unterscheiden zwischen Dingen mit der Eigenschaft, daß man Teile von ihnen unter gewissen Deformationen beliebig weit weg bewegen kann, und Dingen, die diese Eigenschaft nicht besitzen. Lassen Sie mich also eine Definition aufschreiben.

Man sagt, daß etwas kompakt ist, wenn es seinen Rand enthält (falls er existiert) und wenn keine Deformation dieses Dings beliebig weit hinausreicht. Mit anderen Worten, wenn jede seiner Deformationen beschränkt ist.

All das läuft darauf hinaus, daß die Sphäre kompakt ist. Natürlich erstreckt sich der dreidimensionale Raum, in dem wir leben, ins Unendliche … *[zögernd]*, jedenfalls unser naives Modell, das wir im Auge haben, erstreckt sich ins Unendliche. Doch angenommen, Sie leben auf einer Sphäre und sind sehr, sehr klein. Wenn Sie um sich herumschauen, in beliebiger Richtung, sieht es wie eine Ebene aus …

[Eine Hand geht hoch.]

Serge Lang. Ja?

Ein Student. Aber die Sphäre ist ohne Rand. Sie sagten: „kompakt ohne Rand".

Serge Lang. Ah! Wenn die Fläche keinen Rand hat, bedeutet dies, daß sie ihren Rand enthält. Die Terminologie muß diese Ausdrucksweise zulassen. Wenn etwas keinen Rand hat, dann enthält es notgedrungen seinen Rand, weil es keinen gibt. *[Gelächter.]* Sie müssen diese Möglichkeit zulassen, weil Sie es anderenfalls sehr schwer hätten, einfache mathematische Feststellungen zu treffen.

Kehren wir zu jenen Leuten zurück, die auf einer Sphäre leben. Vielleicht erkennen sie nur eine Ebene, selbst mit guten Teleskopen, und so werden sie schnell zu dem Schluß gelangen, daß ihr Raum eine Ebene ist. Aber angenommen, sie fabrizieren Jahrtausende später bessere Teleskope und entdecken damit vielleicht eine gewisse Krümmung, dann werden sie sehen, daß der Raum gekrümmt ist. Dann können sie beginnen, Fragen zu stellen.

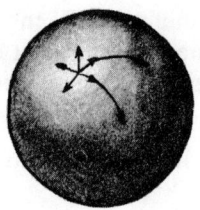

Dies ist genau das, was sich bis zu Kolumbus' Zeiten ereignet hat. Die Leute dachten, alles sei flach; ausgenommen kluge Leute, aber deren gab es nicht so viele.

Zuhörerschaft. Daran hat sich nichts geändert! *[Gelächter.]*

Serge Lang. Gut, wir machen es ebenso und fragen folgendes: Was geschieht, wenn wir immer weiter gehen? Kommen wir dorthin zurück, wo wir gestartet sind, oder gehen wir ins Unendliche? Die Sphäre ist ein Beispiel für etwas Kompaktes. Wenn Sie von einem gewissen Punkt aus starten und immer in einer gegebenen Richtung vorwärts gehen, dann kommen Sie an Ihren Ausgangspunkt zurück.

Können Sie mir Beispiele von anderen Flächen dieser Art nennen, von kompakten Flächen?

Zuhörerschaft. Ein Würfel.

Serge Lang. Ja, die Würfeloberfläche ist zu einer Sphäre äquivalent. Geben Sie mir ein Beispiel, welches nicht zu einer Sphäre äquivalent ist.

Ein Herr. Ein Torus.

Serge Lang. Was?

Herr. Ein Torus.

Jemand anderes. Sie machen ein Loch in die Sphäre.

Serge Lang. Sind Sie ein Mathematiker?

Der Herr. Ein wenig.

Serge Lang. Das ist bereits zu viel! Ich möchte die Mathematiker bitten, nicht einzugreifen, weil es sonst Betrug ist. *[Gelächter.]* Natürlich kennen Mathematiker die Antwort, aber ich halte diese Vorlesung nicht für sie. *[Serge Lang wirft die Kreide nach dem Herrn. Gelächter.]*

Sie graben also ein Loch und finden dieses Objekt, das in der Mitte ein Loch hat.

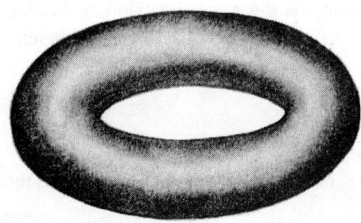

Dann kann man zeigen, daß diese Fläche nicht zur Sphäre äquivalent ist, wegen des Lochs. Können Sie mir jetzt ein Beispiel für eine Fläche geben, die weder zu der Sphäre noch zu dem Torus äquivalent ist?

Jemand. Ein Kleinscher Schlauch.

Serge Lang. Einige von Ihnen wissen zu viel.[2]

Ein Kind. Eine Pyramide?

Serge Lang. Nein, die Pyramide ist zu der Sphäre äquivalent.[3]

Eine Dame. Eine Schachtel ohne Deckel?

Serge Lang. Ja, aber sie hat einen Rand. Ich wollte eine Fläche ohne Rand haben. Unsere vorige hatte keinen und die Sphäre auch nicht. Ich suche eine kompakte Fläche.

Ein Student. Sie können zwei Löcher wie eine Brille machen.

Serge Lang. Das ist es, worauf ich hinaus wollte. Aber sind Sie ein Mathematiker?

Der Student. Ja.

Serge Lang. Oh nein, nein, tun Sie mir das nicht an! Natürlich, wenn Sie Mathematiker sind, können Sie sagen: machen Sie zwei Löcher. Aber Sie halten sich nicht an die Spielregeln. *[Gelächter.]* Das ist es, warum ich gerade Sie bitte, nicht einzugreifen. Ich möchte, daß alle mitdenken.

Also, Sie haben recht. Ich kann zwei Löcher machen, wie hier:

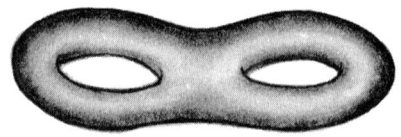

---

[2] Ich will jetzt nicht auf diese Art von technischen Einzelheiten eingehen.

[3] Die Zuhörerschaft enthält alle Arten von Leuten; z.B. zwölfjährige Kinder, höhere Schüler und Studenten, Ingenieure und Pensionäre. Ich habe nachträglich erfahren, daß dieses Kind 12 Jahre alt ist. Ihr Lehrer hat einige Schüler der Klasse, die unsere Veranstaltung besucht haben, gebeten, danach ihre Eindrücke aufzuschreiben. Sie schrieb:

„Natürlich war ich manchmal ein bißchen durcheinander, als Herr Lang nach einem Beispiel fragte, das anders als die zweidimensionale Sphäre ist. Ich antwortete: ‚Eine Pyramide‘, weil ich verstanden hatte, daß Herr Lang nach einem ähnlichen Beispiel fragte. Ansonsten ging alles gut."

Eine andere sagte:

„Wenn ich gewußt hätte, daß das, was ich sage, aufgeschrieben wird, hätte ich öfter die Hand gehoben."

Und nun möchte ich noch ein anderes Beispiel haben; was ist zu tun?

Ein Student. Ein Torus mit einem Knoten.

Eine Dame. Sie können immer mehr Löcher machen.

Serge Lang. Sehr gut. Sie waren das erste Mal auch schon hier, meine Dame? Vor zwei Jahren? Sie erinnern sich nicht? Ich erinnere mich sehr gut an Sie. Jedenfalls können wir immer mehr Löcher machen. Und für ihre Anzahl gibt es keine Schranke, außer, daß es nur endlich viele geben kann.

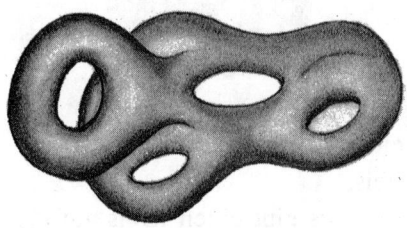

Es gilt folgender Satz:

Kompakte Flächen ohne Rand werden bis auf Äquivalenz vollständig durch die Anzahl der Löcher charakterisiert. Und es gibt keine anderen Charakteristika.

Ich muß in der Formulierung des Satzes noch eine zusätzliche Voraussetzung einfügen. Ich hätte sagen sollen: eine orientierbare Fläche. Aber ich will jetzt nicht näher auf diese Frage eingehen. Vergessen Sie das also. Doch hätte ich es nicht gesagt, so würde sich jemand aufregen, irgendein Mathematiker. *[Gelächter.]*

[Als Serge Lang die Fassung des Satzes an die Wandtafel schreibt, reicht der Platz nicht aus, so daß er einen anderen Teil seines Textes löschen muß.]

So, hier ist kein Platz mehr! Da müssen Sie eben alle an den Erziehungsminister schreiben, daß er Herrn Brette mehr Mittel für das Palais de la Découverte gibt, damit hier mehr und größere Wandtafeln in einem großen Raum aufgestellt werden können und so weiter ... Nichtkompakte Mittel, wenn möglich. *[Gelächter.]* Sie alle schreiben nach der Vorlesung an den Minister. Ich notiere nun unseren Satz:

Flächen, die kompakt, ohne Rand und orientierbar sind (um mein Gewissen zu beruhigen), werden bis auf Äquivalenz durch die Löcherzahl charakterisiert.

Das ist das allgemeine Modell für Flächen.

Jetzt wollen wir uns Flächen mit Rand ansehen.

Ein Herr. Und wenn nur Löcher übriggeblieben sind?

Serge Lang. Es bleibt immer eine gewisse Fläche übrig. Ich mache das hier als Einführung in dreidimensionale Objekte, wo alles gleich viel ernster wird.

Gut, ich zeichne jetzt eine Fläche mit Rand. Jemand hat bereits den Zylinder genannt.

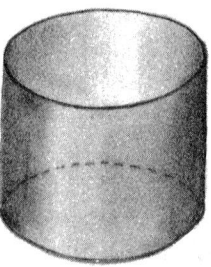

Was ist der Rand eines Zylinders?

Ein Herr. Ein Kreis.

Serge Lang. Richtig, es gibt einen Kreis auf dem Deckel und auch einen auf dem Boden. Der Rand des Zylinders setzt sich aus zwei Kreisen zusammen.

Eine Dame. Es gibt auch Kanten.

Serge Lang. Nein, denn wenn sich der Zylinder herumdreht und Sie von der Seite blicken, können Sie diese Kanten nicht sehen.

Dame. Dann gibt es zwei Ränder?

Serge Lang. So ist es, oder vielmehr, es gibt einen einzigen Rand, der sich aus zwei Kreisen zusammensetzt. Niemand hat gesagt, daß der Rand nur aus einem Stück bestehen darf. Er muß nicht zusammenhängend sein.

Jetzt will ich etwas zeichnen, das ein wenig amüsanter ist. Wer kann mir sagen, wie eine Fläche mit einem Rand aussieht, der aus mehr als zwei Stücken besteht?

Herr. Wie ein Gesicht.

Serge Lang. Ja, zum Beispiel.

Dame. Ein Sieb. *[Gelächter.]*

Serge Lang. Ja, sehr gut. Lassen Sie mich eine andere Fläche zeichnen.

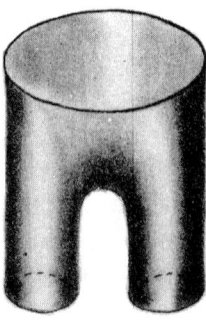

Was ist das?

Herr. Eine auf den Kopf gestellte Vase.

Andere in der Zuhörerschaft. Eine Hose.

Serge Lang. Richtig, eine Hose. Der Rand besteht aus dem Kreis oben und den beiden Kreisen unten. Somit hat der Rand drei Stücke.

Jetzt will ich gleich etwas tun, was Mathematiker sehr lieben. Sie finden oft Gefallen daran, Dinge zu kombinieren und Summen zu bilden. Angenommen, Sie haben zwei Hosen.

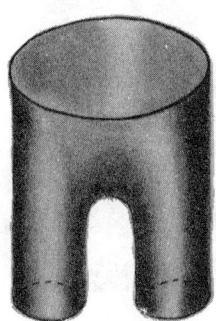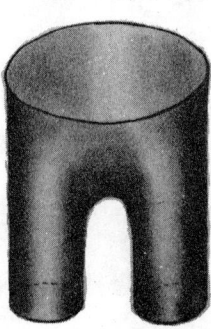

Was kann ich damit tun? Wenn ich auf jeder von ihnen einen Randkreis nehme, kann ich sie zusammenkleben.

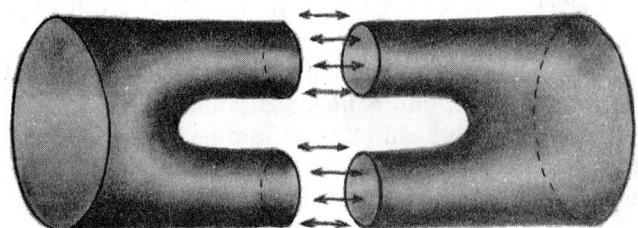

Und ich kann dasselbe mit dem anderen Hosenbein tun. Dann entsteht etwas, das ich eine Summe aus beiden Hosen nennen kann.

Herr. Aber Sie haben nicht das Recht, dies zu tun, Sie identifizieren Dinge.

Serge Lang. Jetzt bin ich dazu berechtigt. Ich bilde Summen und nähe gerade die Hosen zusammen. *[Gelächter.]* Ich habe das Recht zu nähen. Wir kommen nun zu dem Punkt, wo ich das Recht zur Identifizierung habe.

Dame. Warum hatten Sie vorhin nicht das Recht zum Identifizieren, haben es aber jetzt?

Serge Lang. Sie haben immer das Recht zu identifizieren, zwei Punkte zusammenzulegen. Sie können tun, was Sie wollen. Aber zu wel-

chem Zweck? Um den Begriff der Äquivalenz zu definieren, haben Sie
dieses Recht nicht. Ich habe nicht behauptet, daß man durch Identifizierung eine Äquivalenz erhält. Ich habe gesagt, daß ich eine Summe
bekomme. Dies ist nicht dasselbe. Für die Äquivalenz ist es mir nicht
erlaubt, Punkte zu identifizieren. Für Summen aber darf ich es. Eine
Summe zu bilden läuft nämlich auf das Identifizieren von Stücken des
Randes hinaus.

Wenn ich die Summe zeichne, bekomme ich also etwas wie die fol-
gerade Abbildung mit einem Loch und immer noch einem Rand, der
nun zwei Kreise enthält.

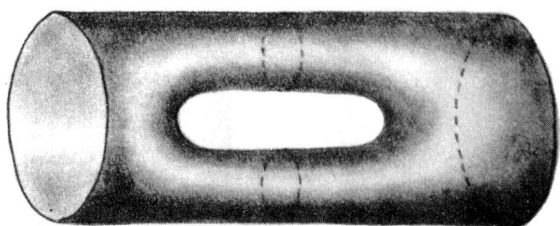

Jetzt kann ich wiederum eine Summe bilden, um die Kreise zu beseitigen.

Herr. In jedem Fall identifizieren Sie die Ränder von zwei verschiedenen Dingen.

Serge Lang. Ja, von zwei verschiedenen Objekten. Ich nehme zwei
Hosen, Ihre und meine, und nähe sie zusammen. *[Gelächter.]*

Ich könnte jetzt auch dadurch eine Summe bilden, daß ich eine einzelne Hose nehme und die beiden Stücke auf dem Rand der Hosen-
beine identifiziere. Das liefert mir auch eine Fläche mit einem Loch.

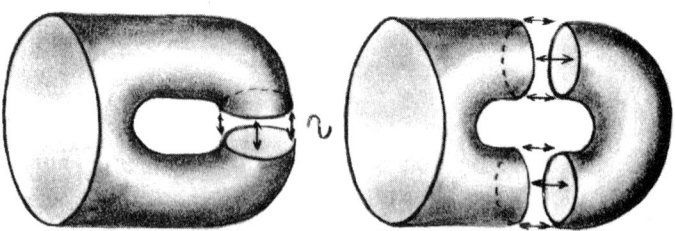

Es ist dasselbe, als wenn ich die Summe aus der Fläche und einem
Zylinder gebildet hätte, es ist äquivalent. Ich bekäme ein Loch, aber
einen einzigen Kreis als Rand.

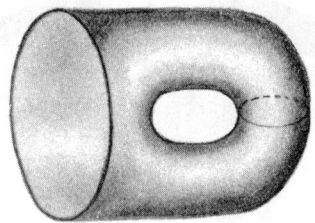

Diesen Kreis möchte ich jetzt beseitigen. Wie ist das möglich? Was für eine Summe muß ich nehmen, um den Rand vollständig zu beseitigen?

Herr. Eine Halbsphäre?

Dame. Einen Deckel.

Serge Lang. Genau. Einen Deckel, der eine Kreisscheibe mit ihrem Rand ist.

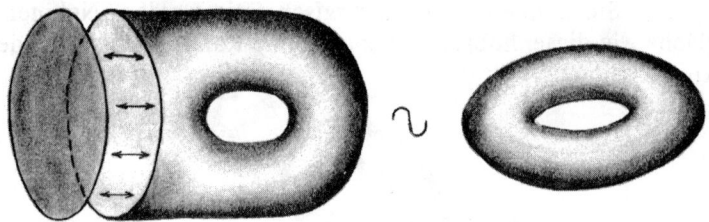

Sie kleben sie zusammen und bekommen etwas ohne Rand. Das ist es, was ich Ihnen zeigen wollte. Wenn ich Flächen mit Rändern, mit Kreisen als Rändern, nehme und ihre Summe bilde, kann ich sie eine gewisse Anzahl von Malen addieren und bekomme eine Fläche mit Löchern, aber ohne Rand.

Nehmen Sie wieder die Hosen. Ich kann den Rand beseitigen, indem ich erst die Beine zusammennähe und dann auf jedes Ende eine Kappe setze. Es entsteht ein Torus.

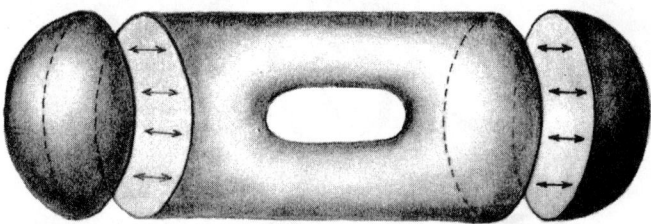

Ein Student. Aber Sie hätten sie auch längs der Gürtel zusammennähen können.

Serge Lang. Ja, doch dann wäre ein neues Loch entstanden.

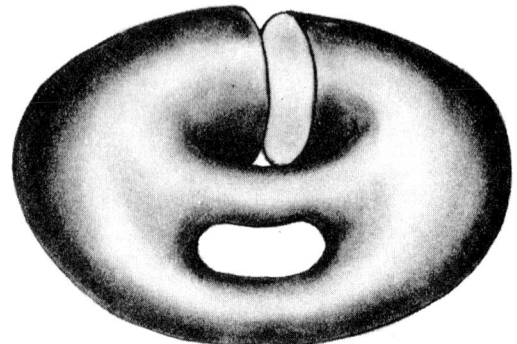

Mathematiker tun so etwas gern. Das ist eine der Sachen, wo sie sich in Hochform fühlen. *[Gelächter.]* Wenn Sie sich in Hochform fühlen und Hosen zusammennähen, dann heißt das nach Definition Topologie betreiben; Sie sind ein Topologe.

Selbst wenn es keinen Rand gibt, können Sie einen erzeugen, um noch eine andere Art von Summe zu definieren. Bis jetzt haben wir nur genäht, aber Sie können auch chirurgisch tätig werden. Nehmen Sie eine Fläche wie diese, hübsch und glatt, ohne Rand. Dann schneide ich eine Kreisscheibe ab.

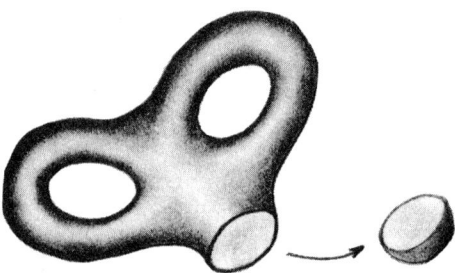

Das ergibt einen Rand, einen Kreis, der zuvor nicht da war. Ich will dasselbe mit einer anderen Fläche tun, um einen anderen Kreis zu schaffen. Jetzt bin ich in der gleichen Situation wie vorhin; ich habe zwei Flächen mit Rändern und kann längs dieser Kreise ihre Summe bilden.

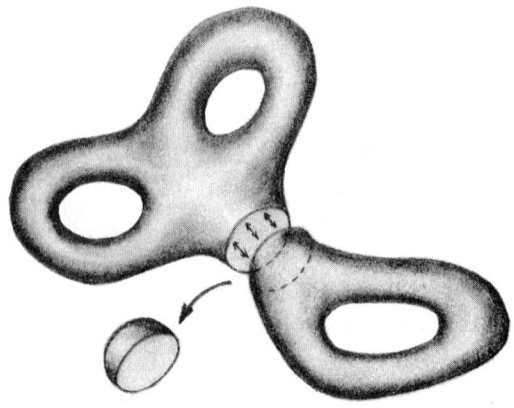

Auf diese Weise läßt sich die Summe von Flächen ohne Ränder definieren. Wenn ich aus irgendeiner Fläche und der Sphäre diese Summe
bilde, so gelange ich bis auf Äquivalenz zu derselben Fläche. Man kann
sagen, daß die Sphäre das neutrale Element für diese Art Summe ist.

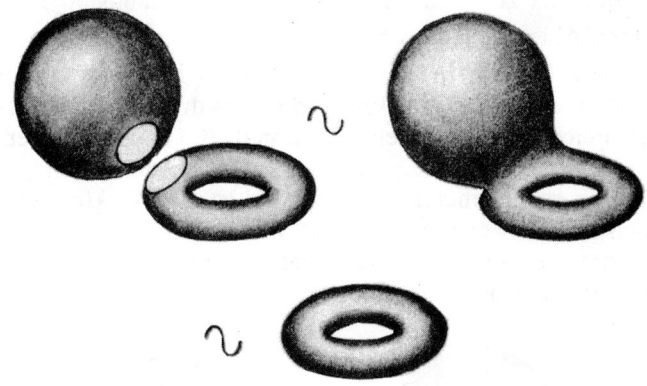

Wenn ich andererseits eine Fläche mit zwei Löchern und eine Fläche
mit einem Loch (also einen Torus) habe und deren Summe bilde, dann
erhalte ich eine Fläche mit drei Löchern. Nehme ich die Summe aus
einer Fläche mit drei Löchern und einer Fläche mit einem Loch, dann
bekomme ich eine Fläche mit vier Löchern und so weiter.

Irreduzibel heißt eine Fläche, wenn bei ihrer Darstellung als Summe
zweier Flächen notwendig eine von beiden eine Sphäre ist. Der Torus ist
irreduzibel, und jede Fläche, die nicht zu einer Sphäre äquivalent ist,
läßt sich als Summe einer gewissen Anzahl von Tori ausdrücken, entsprechend der Anzahl der Löcher in der Fläche.

Ich wiederhole, daß es sich bei allem, was ich gesagt habe, um orientierbare Flächen handelt. Und wir haben gerade einen Teil der Theorie
solcher Flächen mit der Dimension Zwei betrachtet.

Jetzt will ich zu Objekten mit der Dimension Drei übergehen.

Vor einer Weile sprachen wir von Leuten, die in zwei Dimensionen
leben, sagen wir auf einer Fläche. Sie sind sehr klein. Was sie um sich
herum sehen, ist auch klein, und es sieht wie eine Ebene aus. Aber sie
können sich fragen: wenn wir fähig wären, sehr weit in die Ferne zu blik-
ken, wie würde der Raum dann aussehen? Und wir? Wir sind sehr kleine
Wesen auf etwas Dreidimensionalem. Leben wir auf einem Analogon
der dreidimensionalen Sphäre? Was passiert, wenn wir weit hinaus in
den Raum schauen, finden wir ein Loch? Man kann die Frage auch im
Zweidimensionalen stellen, aber für uns ist die Dimension Drei interes-
santer.

Wir sehen einen dreidimensionalen Raum und besitzen Teleskope,
die immer leistungsfähiger werden. Wenn wir genügend weit blicken
können, was werden wir dann finden? Leben wir auf einem Objekt, das

zu einer Sphäre äquivalent ist? Oder finden wir Löcher? Da wird es ernst. Sie können diese Frage nach der Natur des Universums wirklich stellen. Wenn Sie darauf beharren, eine physikalische Deutung für das zu wünschen, was ich heute tue, da ist sie.

Ich habe mit der Dimension 2 begonnen, weil hierfür der Begriff der Summe einfacher zu definieren war als in der Dimension 3.

Ein Herr. Aber die Hosen hatten die Dimension 3.

Serge Lang. Nein, nein! Die Oberfläche der Hosen ist zweidimensional. Natürlich existieren die Hosen in einem dreidimensionalen Raum, aber ihre Fläche ist nur zweidimensional. Sie müssen unterscheiden zwischen der Dimension des Objekts selbst, seiner Fläche, und dem Raum, in den es eingebettet ist. Jetzt sind es die Objekte selbst, welche die Dimension Drei haben.

Man nehme beispielsweise die Kugel, das Innere der Sphäre, die Vollkugel. Sie ist dreidimensional.

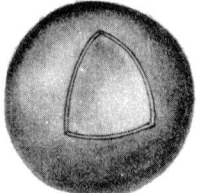   

Sphäre   *Kugel*

Diese Kugel ohne ihre Sphäre, d. h. ohne ihren Rand, ist aus demselben Grund zum gesamten dreidimensionalen Raum äquivalent, aus welchem das Innere der Kreisscheibe zur Ebene R^2 oder das Intervall ohne Rand zur Geraden R äquivalent ist. Der Buchstabe R bezeichnet die reelle Zahlengerade, und die kleine 2 oben zeigt an, daß der Raum die Dimension 2 hat. Für den dreidimensionalen Raum würde ich R^3 schreiben.

Etwas von der Dimension 1 ist eine Kurve, etwas von der Dimension 2 ist eine Fläche. Wie nennen Sie etwas von der Dimension 3?

Zuhörerschaft. Ein Volumen.

Serge Lang. Wenn Sie wollen. Das Wort „Volumen" hat jedoch mehrere Bedeutungen. Es kann der Raum selbst sein oder auch der Zahlenwert dieses Raumes. Beispielsweise können Sie das Innere eines Handkoffers Volumen nennen, aber Sie könnten auch sagen, daß es dreißig Liter sind. Sie müssen diese beiden Begriffe unterscheiden.

In der Gummigeometrie wird ein Volumen nicht mit Zahlen gemessen, weil etwas zu etwas anderem äquivalent sein kann, das viel größer ist, nämlich durch das Ziehen und Strecken.

Ich könnte nun auch weiterhin von dreidimensionalen Dingen sprechen, doch sie haben in der Mathematik einen bestimmten Namen: sie heißen Mannigfaltigkeiten, dreidimensionale Mannigfaltigkeiten. Ich liebe diesen Namen nicht, aber so werden sie nun einmal genannt. Wieder habe ich den Begriff der Gummiäquivalenz und den Begriff einer kompakten Mannigfaltigkeit, d. h. einer Mannigfaltigkeit, die sich nicht ins Unendliche erstreckt, wie sehr man sie auch deformiert. Ich habe auch den Begriff des Randes. Was wird das sein?

Dame. Eine Fläche.

Serge Lang. Richtig, perfekt. Sie haben verstanden, wovon ich gerade rede.

Gut, ich habe eine Stunde lang gesprochen. In den letzten beiden Jahren haben wir nach einer Stunde Schluß gemacht, dann gab es noch einige Fragen, und die Leute blieben noch eine ganze Weile hier. Aber ich habe jedem gestattet zu gehen, wenn er es wollte. Wir können also ein paar Minuten Pause machen. Der Hauptgegenstand, den ich diskutieren will, hat mit der Klassifikation von dreidimensionalen Mannigfaltigkeiten zu tun und sogar mit einigen nichtkompakten Objekten.

In der Dimension Zwei habe ich für Flächen einen Klassifikationssatz angegeben: Es gibt nur eine Sphäre und Tori mit immer mehr Löchern. In der Dimension Drei ist dies ein außerordentlich schwieriges Problem, welches die Mathematiker zu lösen versuchen. Thurstons Beitrag besteht gerade darin, eine Vermutung aufgestellt zu haben, die alle von ihnen beschreibt. Es werden auch Summen und Löcher vorkommen, aber es wird viel komplizierter sein. Das ist es, was ich dann noch tun will.

Für den Moment aber, Pause oder Rückzug, je nach Ihrem Sprachgebrauch.

[Beifall. Jemand fragt, ob er genug Zeit hat, über die Straße zu gehen, um etwas zu trinken. Ich bejahe. Nach etwa fünfzehn Minuten beginnen wir wieder.]

Die zweite Stunde

[Zu Beginn war der Raum mit rund 230 Personen gefüllt; etwa drei Viertel sind zum zweiten Teil zurückgekommen.]

[Auf der Wandtafel kann man folgendes Bild sehen, das von jemandem aus der Zuhörerschaft gezeichnet worden ist.]

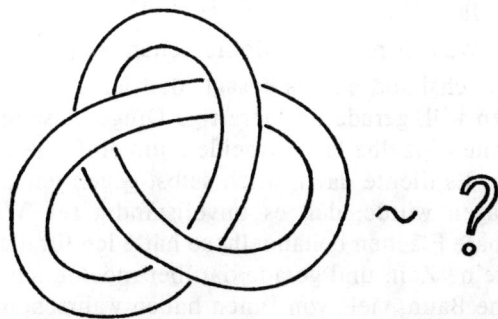

Serge Lang *[auf das Bild blickend]*. Ah, sehr gute Zeichnung. Es ist dem Knoten ähnlich, aber mit einem Torus gebildet. Haben Sie irgendwelche Fragen zu dem, was ich bisher getan habe?

Herr. Ist diese Fläche zu einem Torus äquivalent?

Serge Lang. Sehr gute Frage. Was denken Sie?

Jemand. Wie viele Löcher hat diese Fläche?

Serge Lang. Nun, es ist eine Fläche mit einem Loch, eingebettet in den dreidimensionalen Raum, und man kann sie nicht in den Torus deformieren, wenn man verlangt, daß die Deformation im dreidimensionalen Raum stattfindet. Man kann sie jedoch in den Torus deformieren, wenn höherdimensionale Räume zugelassen werden. Es ist gerade so wie mit dem Knoten zu Beginn. Sie sehen, es gibt verschiedene Arten, dieselbe Fläche darzustellen.

Herr. Wenn jemand innerhalb der Fläche wandert, so hat er keine Möglichkeit zu erkennen, ob das Ding verknotet ist oder nicht.

Serge Lang. Ja, ausgezeichnete Bemerkung. Es ist genau so wie bei dem Knoten. Wenn Sie sich auf dem Knoten vorwärts bewegen, immer vorwärts wandern, dann kommen Sie dorthin zurück, wo Sie gestartet sind, haben aber keine Möglichkeit zu erkennen, daß Sie sich nicht auf dem Kreis befinden.

[Eine Hand wird gehoben.]

Serge Lang. Ja?

Eine Dame. Was ist mit dem Möbiusschen Band?

Serge Lang. Ich habe bereits gesagt, daß ich nur orientierbare Objekte betrachten will, gerade um derartige Dinge beiseite zu lassen. Ich wollte technische Einzelheiten vermeiden, um einfachere Aussagen treffen zu können. Es diente dazu, mich selbst gegen jemanden zu schützen, der beklagen würde, daß es unvollständig sei. Würde ich auch nichtorientierbare Flächen behandeln, so hätte ich für die dreidimensionalen Dinge keine Zeit, und gerade darüber möchte ich sprechen. Gut, das Möbiussche Band, viele von Ihnen haben wahrscheinlich davon gehört, und es gibt nicht viel darüber abzuhandeln, das neu wäre. Über dreidimensionale Objekte wissen Sie jedoch wahrscheinlich nicht so viel.

Außerdem kann man sie mit der Welt, in der wir leben, in Verbindung bringen. Ich sagte bereits, daß Mathematiker mit beträchtlichen Möglichkeiten, mit zahlreichen Modellen arbeiten. Als Mathematiker sind wir an der Schönheit dieser Modelle und nicht notwendig an ihren physikalischen Anwendungen interessiert. Heute habe ich Flächen klassifiziert und wende mich nun der Klassifikation dreidimensionaler Mannigfaltigkeiten zu. Ich versuche gerade, sie alle zu beschreiben. Nachdem wir alle kennen, können wir fragen, welche der physikalischen Welt entsprechen, in der wir leben. Ein Physiker wählt unter diesen Modellen aus, um jene zu finden, die auf unsere empirische Welt passen. Ich für meinen Teil habe mich niemals mit Physik befaßt, und es stört mich, daß es eine Korrelation zwischen den mathematischen Modellen und der Welt unserer Erfahrung gibt, der Welt, mit der wir durch unsere Sinne in Berührung kommen. Ich habe stets auf diese Weise empfunden, schon als ich noch Student war. Ich habe in der Physik, die mich nicht wirklich interessiert, keine Fähigkeiten.

Eine Dame. Kein Wunder, daß es für die Studenten schwer ist, das, was sie in der Mathematik gelernt haben, anzuwenden, um Physik zu treiben.

Serge Lang. Ich sehe keinen Anlaß, meinen persönlichen Geschmack zu verbergen, aber ich bestehe nicht darauf, daß er ein Naturgesetz sei. Ich liebe die Klassifikation von Dingen, ich stelle Modelle auf und sage dem Physiker: „Greife das heraus, was dir paßt." Auf der anderen Seite gibt es auch Mathematiker wie Atiyah oder Singer, die unmittelbar an der Physik interessiert sind. Umgekehrt gibt es Physiker, die sehr viel von Mathematik verstehen und die beides gleichzeitig tun. Und ich finde es gut, daß es all dies gibt. Das mache ich den Studenten klar, und ich ermutige sie, beides zu tun, wenn sie dazu in der Lage sind und es mögen. Aber jedermann hat seine eigene Beschränkung.

Gut, lassen Sie uns zu den drei Dimensionen zurückkehren. Es wird um einiges schwerer werden, zu zeichnen, weil ich Ihnen beispielsweise nicht einmal die dreidimensionale Sphäre zeigen kann. Unsere gewöhnliche Sphäre, die zweidimensionale, könnte ich als Menge von Punkten zeichnen, die in einem gewissen Abstand von einem gegebenen Punkt liegen, der ihr Mittelpunkt heißt. Die dreidimensionale Sphäre S^3 kann wiederum als die Menge jener Punkte des vierdimensionalen Raumes definiert werden, die einen gewissen Abstand vom Mittelpunkt aufweisen. Die Sphäre S^3 ist also in den vierdimensionalen Raum eingebettet, und wir können sie nicht zeichnen. Aber wir können sie begreifen.

Was ich jedoch anfertigen kann, sind Zeichnungen, die suggerieren, was geschieht. Oder andere Darstellungen geben. Nehmen wir zum Beispiel in der Ebene zwei Achsen mit den Punkten P und Q auf diesen Achsen.

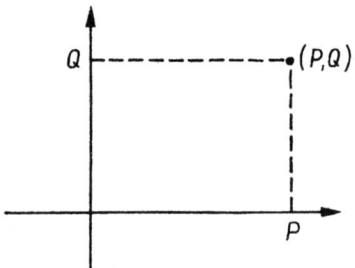

Wir können nun den Punkt (P, Q) aufschreiben, wobei Q auf einer Geraden R liegt und (P, Q) in der Ebene. Diese Konstruktion heißt ein Produkt. Es ist so, als wenn ich über jeden Punkt P eine Gerade lege und den Punkt Q längs einer Geraden über P wandern lasse.

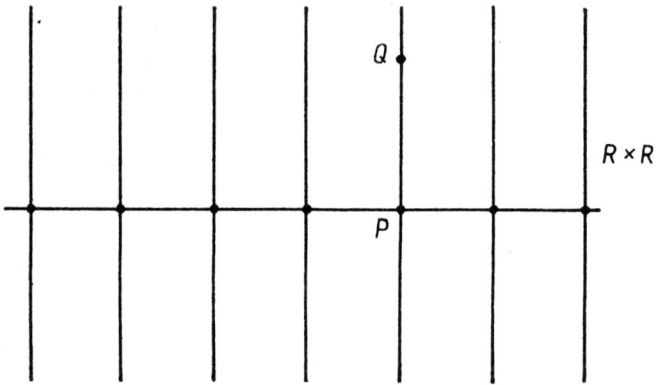

Wie ich bereits sagte, heißt diese Konstruktion auch „ein Produkt bilden". Wir haben gesehen, daß die Ebene R^2 ein Produkt von R mit R ist und schreiben

$$R^2 = R \times R.$$

Wenn ich analog zwei Intervalle I_1, I_2 habe und die Menge aller Punkte P aus dem ersten und Q aus dem zweiten nehme, dann stellen alle Paare von Punkten (P, Q) die Punkte eines Rechtecks dar.

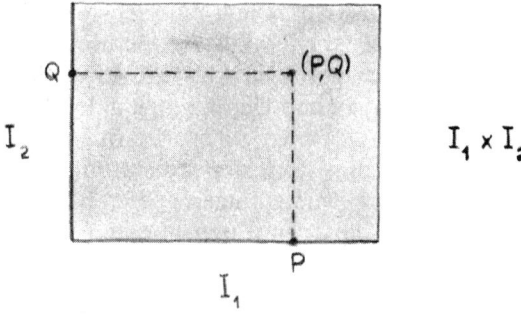

Ich kann derartige Produkte stets aus zwei Mengen bilden. Wenn ich eine Fläche F mit der Dimension Zwei nehme, so kann ich ihr Produkt mit irgendetwas Eindimensionalem bilden.

Ist F zweidimensional, so ergibt sich als Produkt eine dreidimensionale Mannigfaltigkeit. Es ist die Menge aller Punkte (P, Q), wobei der erste Punkt P zur Fläche F gehört und der zweite Punkt Q zu einem eindimensionalen Raum.

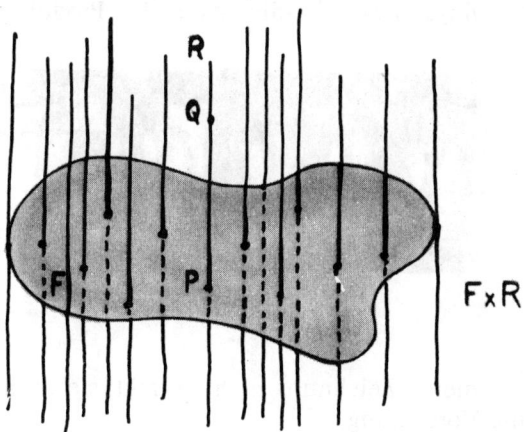

Lassen Sie mich ein anderes Beispiel zeichnen. Es sei S^1 der Kreis. Ich bilde das Produkt $S^1 \times S^1$, d.h. die Menge aller Paare (P, Q), wobei P zu einem Kreis und Q zu einem anderen Kreis gehört. Jedem Punkt P des ersten Kreises kann ich alle Punkte des anderen Kreises zuordnen.

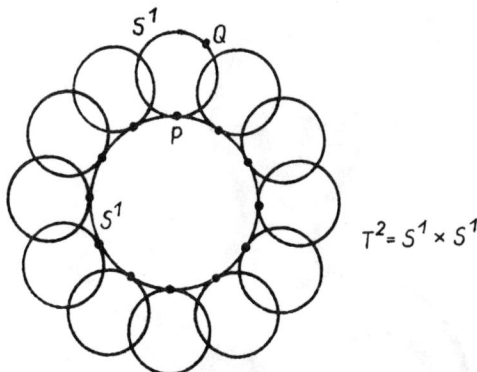

Was für eine Art von Fläche entsteht?

Zuhörerschaft. Ein Torus.

Serge Lang. Richtig, ein Torus. $S^1 \times S^1$ ist ein Torus. Ich will ihn T^2 nennen: T wie Torus und 2, weil er die Dimension Zwei hat.

Dieser Produktbegriff erlaubt mir die Konstruktion höherdimensionaler Objekte, und ich kann sie aufschreiben. Ich brauche sie nicht mehr irgendwie zu zeichnen.

Jetzt kann ich auch zu höheren Dimensionen gelangen. Man nehme zum Beispiel T^2 und sein Produkt mit R, sein Produkt mit einer Geraden. Es zu zeichnen, würde mir sehr schwerfallen, aber ich kann es darstellen durch einen Torus und Geraden. Ich kann den Torus als einen Schnitt dieses Dings, dieses dreidimensionalen Produkts, ansehen

$$T^2 \times R$$

Natürlich ist meine Zeichnung nicht korrekt; sie vermittelt Ihnen jedoch eine gute Vorstellung.

Als nächstes will ich kompliziertere Dinge im Dreidimensionalen zeichnen. Ich kenne bereits die dreidimensionale Sphäre und das Produkt $T^2 \times R$, bin aber auf Dinge aus, die Flächen mit Löchern entsprechen. Wie sieht eine solche Sache aus?

Dame. Es könnte ein Rohr mit dicken Wänden sein.

Serge Lang. Das ist richtig. Ich suche Löcher, Tori und Dinge, die sich ins Unendliche erstrecken. *[Serge Lang zeichnet das folgende Bild.]*

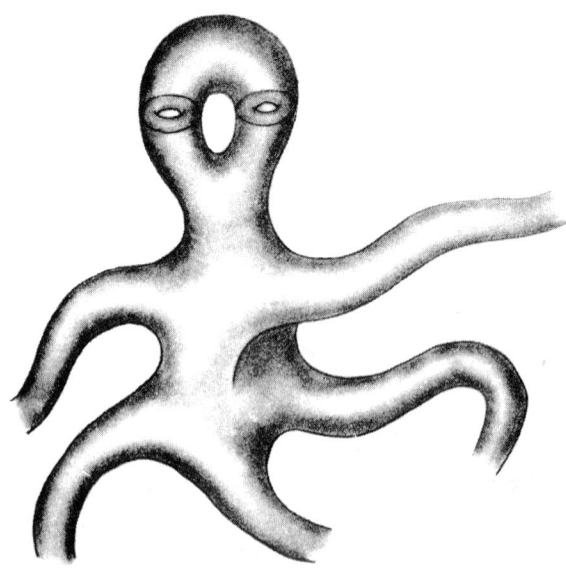

[Gelächter.] So, hier ist ein dreidimensionales Ding. Wie soll ich es nennen?

Zuhörerschaft. Einen Oktopus!

Serge Lang. Genau, ein Oktopus. In zwei Dimensionen waren es Hosen, in der Dimension Drei sind es Oktopusse. Dies suggeriert ... angenommen, ich nehme eine Schere und schneide einen seiner Arme ab. Was bekomme ich?

Zuhörerschaft. ...

Serge Lang. Der Oktopus hat keinen Rand.[4] Wenn ich einen seiner Arme abschneide, erhalte ich etwas, dessen Rand zweidimensional ist und ein Torus sein wird.

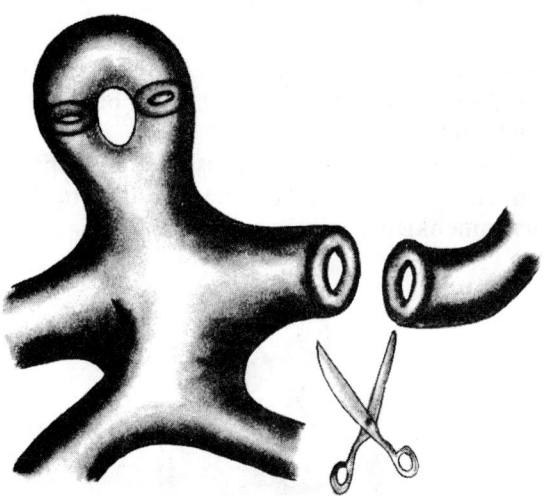

Jetzt nehmen Sie an, Sie hätten ein gewisses dreidimensionales Ding, dessen Rand ein Torus ist, und Sie hätten noch ein anderes Ding, dessen Rand gleichfalls ein Torus ist. Dann könnte bei Ihnen ein unwiderstehlicher Drang aufkommen, damit etwas zu tun. Welcher Drang wäre das? Sie *[auf eine Dame zeigend].*

Dame. Sie zusammenzukleben.

Serge Lang. Richtig, genau wie vorhin mit Kreisen. Ich nehme also zwei Oktopusse.

---

[4] Unglücklicherweise kann man das Bild in noch stärkerem Maße als die Sphäre S^3 nicht korrekt zeichnen. Auf den Zeichnungen existiert ein Rand, trotzdem veranschaulichen sie aber ziemlich gut, worum es sich handelt.

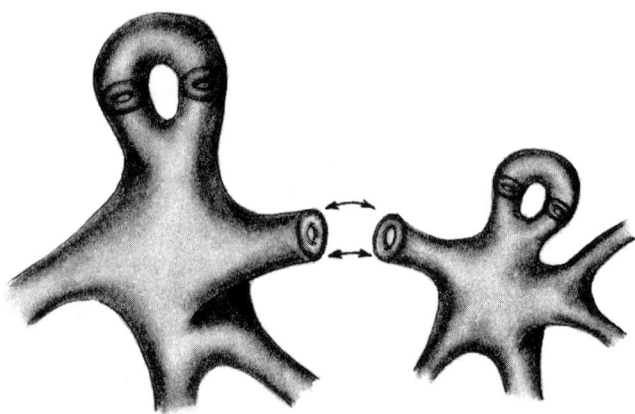

Von jedem schneide ich einen Arm ab und erhalte zwei Tori, die ich zusammenklebe. Dann haben wir die Summe der beiden Oktopusse längs
eines Torus gebildet.

Ich kann auch mit nur einem Oktopus eine ähnliche Operation ausführen, indem ich zwei Arme abschneide und diese beiden Schnitte, die
Tori sind, zusammenklebe.

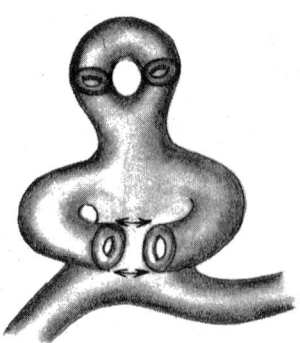

Vorhin hatten wir auch Kappen. Und jetzt? Ich habe einen Rand, der
ein Torus ist, und will diesen Rand beseitigen. Wie ist vorzugehen?

Herr. Sie kleben einen Ring an.

Serge Lang. Sehr gut, das ist richtig. Einen Ring, das Innere eines
Torus. Ich nehme den Ring und klebe ihn auf den Torus. Es ist derselbe
Typ von Operation wie seinerzeit das Bedecken mit einer Kappe, nur
eine Dimension höher. So habe ich ein Stück des Randes beseitigt.

Herr. Wie viele Arme kann ein Oktopus haben?

Serge Lang. Eine beliebige Anzahl. Zwei Oktopusse können eine verschiedene Anzahl von Armen haben, sie sind dann nicht äquivalent.
[Gelächter.]

Herr. Wie bildet man die Summe von zwei Oktopussen, wenn einer von ihnen eine ungerade und der andere eine gerade Anzahl von Armen besitzt?

Serge Lang. Ich habe nicht gesagt, daß Sie alle Arme des einen mit allen Armen des anderen zusammenkleben müssen. Sie können durchaus einige der Arme zusammenkleben und dann die restlichen mit räumlichen Ringen bedecken.

Herr. Was ist mit $T^2 \times R$?

Serge Lang. Nun, $T^2 \times R$, es ist ..., ja, es ist wie ein Oktopus ohne Löcher, der nur zwei Arme hat.

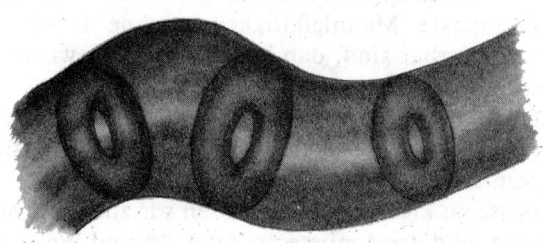

Wenn ich $T^2 \times R$ schneide, indem ich einen Querschnitt anbringe, dann bekomme ich einen Rand der ein Torus ist. Und es gibt auch Oktopusse ohne Löcher mit mehreren Armen.

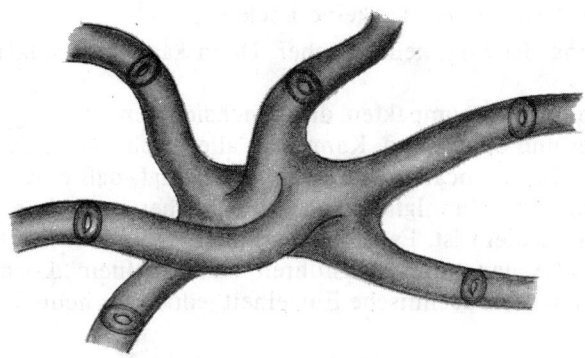

Gerade so wie bei Flächen sagt man auch hier: Ein Oktopus ist irreduzibel, wenn die einzige Art, ihn als Summe zweier Oktopusse darzustellen, darin besteht, daß einer von beiden zu $T^2 \times R$ äquivalent ist, oder daß es eine Bekappungsoperation ist, also Ankleben eines Rings, wie der Herr soeben vor einer Minute sagte.

Wenn ich einen Oktopus nehme und seine Summe mit $T^2 \times R$ bilde, dann bekomme ich einen Oktopus, der zu jenem äquivalent ist, mit dem wir begonnen haben. Man kann sagen, $T^2 \times R$ ist das neutrale Element bezüglich dieser Art Addition, die durch Schneiden und Kleben eines Arms gewonnen wird.

Nun ist es leicht einzusehen, daß ich durch endlich viele Additionen dieser Art alle Arme beseitigen kann. Lassen Sie mich das aufschreiben.

Durch endlich viele Additionen kann man – auf unterschiedliche Art – alle Arme beseitigen. Man erhält dann eine dreidimensionale kompakte Mannigfaltigkeit ohne Rand.

Dame. Aber es gibt Löcher.

Serge Lang. Ja, gewiß. Wir haben die Arme beseitigt, dafür jedoch Löcher erzeugt, und es kann deren viele geben. Dies ist eine Art, dreidimensionale kompakte Mannigfaltigkeiten ohne Rand zu konstruieren ..., die orientierbar sind, damit mich mein Gewissen nicht drückt und sich niemand beschwert.

Sie können es natürlich am Strand selbst ausprobieren *[Gelächter]*. Nehmen Sie die Arme eines Oktopus, und Sie können diese sogar verknoten vor dem Zusammenkleben.

Um Oktopusse zu klassifizieren, müssen wir zunächst mit den irreduziblen beginnen, und dann müssen wir die Art und Weise klassifizieren, auf die man sie addieren kann, wie ich es gerade durch Schneiden und Zusammenkleben ihrer Arme getan habe.

Bis jetzt habe ich geometrische Modelle beschrieben: erst Modelle von Flächen, dann Modelle von dreidimensionalen Mannigfaltigkeiten, Oktopusse und die dreidimensionale Sphäre S^3, die kein Oktopus ist, sondern etwas anderes.

Zuhörerschaft. Sie besitzt keine Löcher.

Serge Lang. Richtig, keine Löcher. Dann kann man folgende Frage stellen.

Man nehme alle kompakten dreidimensionalen Mannigfaltigkeiten ohne Löcher und ohne Rand. Kann man alle beschreiben? Das Problem ist ungelöst. Die Poincarésche Vermutung besagt, daß eine dreidimensionale kompakte Mannigfaltigkeit ohne Löcher und ohne Rand zur Sphäre S^3 äquivalent ist. Es ist anzunehmen, daß es keine weitere gibt. Natürlich sollte man präziser ausführen, was mit einem „Loch" gemeint ist. Wir wollen diese technische Einzelheit jedoch für heute beiseite lassen.

Viele Leute haben versucht, die Poincarésche Vermutung zu beantworten, bisher ist es aber noch niemandem gelungen. 1960 hat Smale die analoge Vermutung für Dimensionen größer oder gleich 5 bewiesen. Danach ist das Problem in den Dimensionen Drei und Vier verblieben. Aber je niedriger die Dimension, desto schwieriger ist es auch, weil man nicht genug Platz hat, um sich herumzubewegen. Der Fall der Dimension 4 ist erst 1981 von Freedman gelöst worden. Viele Mathematiker haben zu dieser Lösung beigetragen. Sie haben die Theorie so weit entwickelt, wie sie es durch „reines Denken" konnten, ohne zu viele technische Komplikationen, doch dann haben sie aufgegeben.

Freedman war es, der die Lösung nach sechs bis zehn Jahren fand. Sie ist sehr schwierig, sehr technisch und sehr kompliziert. Sie stellt eines der großen Ergebnisse der modernen Mathematik dar und ist ein erstklassiges Resultat.

Es verbleibt der dreidimensionale Fall.

Ich kann deshalb für dreidimensionale Mannigfaltigkeiten keine vollständige Klassifikation aufstellen, weil die Poincarésche Vermutung noch nicht bewiesen ist.

Für die übrigen dreidimensionalen Mannigfaltigkeiten gibt es eine auf Thurston zurückgehende Vermutung, von der er ein Gutteil selbst bewiesen hat: Es ist möglich, eine konkrete, nicht zu große Liste von gewissen Mannigfaltigkeiten aufzustellen, so daß gilt:

Jede dreidimensionale Mannigfaltigkeit ohne Rand, die kompakt und orientierbar ist, ist entweder in dieser Liste enthalten, oder sie ist eine Summe von Oktopussen.

Hiermit endet der Teil, den ich mit der Gummigeometrie behandeln wollte. Um die Thurstonsche Vermutung zu präzisieren und die Liste genauer zu beschreiben, muß ich zu ganz verschiedenen Ideen übergehen.

Und es ist recht interessant, es ist sogar sehr interessant, daß die Mannigfaltigkeiten in dieser Liste nach derselben Methode konstruiert sein werden, die uns auch erlauben wird, Oktopusse mit Armen zu konstruieren. Mit anderen Worten, wir werden nach demselben Verfahren simultan Mannigfaltigkeiten ohne Arme und Mannigfaltigkeiten mit Armen konstruieren. Um dies zu tun, müssen wir unsere Gummigeometrie verlassen und eine ganz andere Art von Geometrie verwenden. Die meisten von Ihnen haben wahrscheinlich bereits von ihr gehört, von der nichteuklidischen Geometrie. Wir müssen sie nun jedoch im Dreidimensionalen betreiben.

Bevor ich weitergehe, haben Sie irgendwelche Fragen? Wie denken Sie über all das?

Ein Herr. Gibt es durch jeden Punkt eines Oktopus nur einen Torus oder gibt es mehrere Tori?

Serge Lang. Es kommt darauf an. Wenn ich einen Arm schneide, dann bekomme ich einen Torus als Schnitt. Wenn ich aber sonstwo schneide, dann kommt es darauf an. Ich muß an der richtigen Stelle schneiden, um einen Torus zu erhalten; ich habe einen Arm zu schneiden. Ein Mathematiker würde dies folgendermaßen formulieren:

Ein Oktopus ist eine dreidimensionale nichtkompakte Mannigfaltigkeit ohne Rand mit endlich vielen Enden, von denen jedes zu $T^2 \times R$ äquivalent ist.

Wenn ich also anderswo als in einem Arm schneide, außerhalb eines Endes, das zu $T^2 \times R$ äquivalent ist, dann liegt kein Grund vor, einen Torus zu erhalten. In der Tat kann ich nahe einem Punkt eine Kugel abschneiden, so als wenn Sie eine Eiskremkugel nehmen, und es bleibt ein Rand übrig, der eine gewöhnliche Sphäre ist. Sie können auch an eine Luftblase in einem Stück Schweizer Käse denken. Für Flächen ist es dieselbe Sache. In jedem Fall wird eine Kreisscheibe abgeschnitten, und ein Kreis bleibt als Rand zurück. Das entspricht unserer Definition der Summe von zwei Flächen durch Zusammenkleben zweier Kreise.

Durch Abschneiden von Kugeln können dreidimensionale Mannigfaltigkeiten addiert werden. Ich schneide von der ersten eine Kugel ab, dann von der zweiten. Dabei bleibt in jeder ein Rand zurück, eine Sphäre. Beide Sphären klebe ich zusammen und bekomme die Summe der Mannigfaltigkeiten. Eine Mannigfaltigkeit heißt irreduzibel, wenn ich sie auf diese Weise als Summe zweier Mannigfaltigkeiten darstelle und stets eine der beiden zu einer Sphäre S^3 äquivalent sein muß.[5] 1962 hat Milnor bewiesen, daß jede kompakte dreidimensionale Mannigfaltigkeit ohne Rand im wesentlichen in eindeutiger Weise als Summe irreduzibler Mannigfaltigkeiten dargestellt werden kann.[6] Dieses Resultat reduziert die Klassifikation dreidimensionaler Mannigfaltigkeiten auf die Klassifikation irreduzibler Mannigfaltigkeiten. Natürlich stets bis auf Äquivalenz.

Gibt es irgendwelche anderen Fragen? Nein? Gut, dann fahren wir fort und kommen zur Abstandsgeometrie und zur nichteuklidischen Geometrie. Aber ich habe bereits zweieinhalb Stunden lang vorgetragen. Was mache ich mit dem nichteuklidischen Stoff? Möchten Sie gehen? Haben Sie genug? Ich werde tun, was Sie wollen.

Eine Dame. Nein, wir bleiben, Sie haben unsere Neugier geweckt. Nun gehen wir den ganzen Weg mit.

Serge Lang. Oh, ich habe Ihre Neugier geweckt! Dann haben die Oktopusse Sie gepackt. Gut *[lachend]*, wollen Sie vielleicht doch fünf Minuten Pause, und danach gehen wir an die Arbeit zurück?

Zuhörerschaft. Nein, wir sind bereit, lassen Sie uns fortfahren.

Herr. Jetzt weiter so, da wir in Schwung sind *[und der Herr macht eine Geste mit der Bedeutung „weiter so"].*

Serge Lang. Gut, einverstanden. Aber Sie sind ja fast schon süchtig nach Mathematik. Wenn irgendjemand gehen will oder eine Verabredung hat, dann scheuen Sie sich nicht, vorher wegzugehen. *[Gelächter.]* Nicht, daß ich Sie herauswerfen will, aber ...

[Mehrere Personen gehen, und andere werden ihnen während dieser letzten Stunde folgen.]

---

[5] Man beachte, daß das Wort „irreduzibel" hier bezüglich der längs Sphären genommenen Summe benutzt wird, während wir dieses Wort bereits verwendet haben, als es sich um die Summe längs Tori handelte. Es gibt in der Tat zwei Typen von Summen, und aus dem Zusammenhang sollte stets klar hervorgehen, welcher gemeint ist.

[6] J. Milnor: A unique factorization theorem for 3-manifolds. *Amer. J. Math.* **84** (1962).

Die dritte Stunde

Jetzt verlasse ich die Gummigeometrie, um Abstandsgeometrie zu betreiben. Auf der reellen Zahlengeraden oder in der Ebene oder im gewöhnlichen dreidimensionalen Raum haben wir den Begriff des Abstands. Wir sind dann an einem neuen Typ von Äquivalenz interessiert, der die Abstände erhält.

Ich werde als Bewegung eine Transformation bezeichnen, die die Abstände erhält. Wir werden es sowohl in der euklidischen als auch in der nichteuklidischen Geometrie mit Bewegungen zu tun haben. Ich will aber mit Beispielen im euklidischen Fall beginnen, um Ihnen eine Vorstellung zu vermitteln. Unter Benutzung dieser Bewegungen können wir gewisse Identifizierungen durchführen, die uns erlauben werden, Oktopusse zu entdecken, und die Abstandsgeometrie wird folglich mit der Gummigeometrie zusammentreffen. Wir sind also im Begriff, etwas ganz Wesentliches zu tun.

Gehen wir aus von der Geraden R mit den Punkten 1, 2, 3, …, −1, −2, −3, …

Wir denken uns eine gewisse Richtung und einen gewissen Abstand gegeben, was ich mit einem Pfeil bezeichne.

Dann nehmen wir einen Punkt P. Ich kann ihn in der Pfeilrichtung um genau diese Entfernung bewegen. Dann entsteht der Punkt Q, den ich die Translation von P nenne und den ich $\tau(P)$[7] schreibe:

$$P \to Q = \tau(P).$$

---

[7] Der Buchstabe τ ist ein griechischer Buchstabe. Ich könnte auch ein T benutzen. Lediglich deshalb, weil T bereits für einen Torus verwendet wurde, benötigen wir einen anderen Buchstaben.

Damit alles korrekt wird, nehmen wir den Pfeil der Länge 1. Dann ist 2 die Translation von 1; 3 die von 2 und so weiter. Jetzt identifiziere ich einen Punkt P mit seinen Translationen. Lassen Sie mich einen Punkt und seine Translationen aufzeichnen.

Wenn ich auf diese Art identifiziere, dann bekomme ich einen Kreis auf genau jene Weise, wie Sie es am Anfang zu tun wünschten. Wenn ich ein Intervall mit seinen Endpunkten nehme und diese identifiziere, so bekomme ich einen Kreis.

Es war eine sehr gesunde Reaktion, eine sehr mathematische Reaktion von Ihnen zu wünschen, diese Identifizierungen vorzunehmen, die wir jetzt gerade benutzen. Sie waren jedoch nicht zulässig, als wir in der Gummigeometrie den Begriff der Äquivalenz definiert hatten. Kurzum, aus der Geraden bekomme ich durch Identifizieren eines Punktes mit seinen Translationen in einer gegebenen Richtung und um einen gegebenen Abstand einen Kreis.

Ich identifiziere natürlich den Punkt P mit dem nächsten Punkt $\tau(P)$, dann mit dem nächsten $R = \tau(Q)$. Und wie kann ich R schreiben?

Zuhörerschaft. $\tau(\tau(P))$.

Serge Lang. Richtig, $\tau(\tau(P))$ oder anders geschrieben $\tau^2(P)$. Wenn ich ein drittes Mal iteriere, dann schreibe ich

$$\tau(R) = \tau(\tau(\tau(P))) = \tau^3(P),$$

und wenn ich in die entgegengesetzte Richtung gehe, wird $\tau^{-1}(P)$ geschrieben.

Schön, gehen wir zur Dimension 2 über. Dann habe ich vertikale und horizontale Translationen, die ich mit τ_{ver} und τ_{hor} bezeichne.

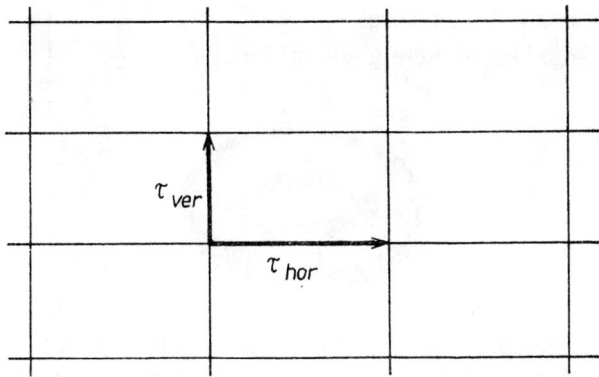

Ich kann dann in zwei Richtungen – vertikal und horizontal – Identifizierungen oder Translationen vornehmen. Angenommen, ich identifiziere in unserem nächsten Diagramm den Punkt P und den Punkt Q, die linke und die rechte Seite des Rechtecks, des weiteren die Ober- und Unterseite.

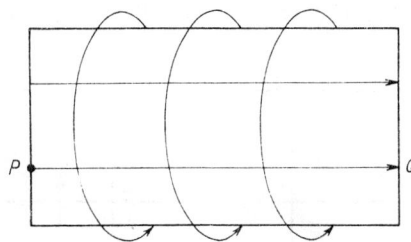

Was bekomme ich dann?

Dame. Eine Sphäre.

Serge Lang. Nein. Aufgepaßt, was heißt identifizieren? Wenn ich obere und untere Begrenzungslinie identifiziere, erhalte ich einen Zylinder.

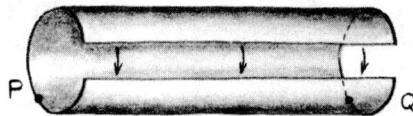

Wenn ich dann die Seiten identifiziere, was bekomme ich dann?

Zuhörerschaft. Einen Torus.

Serge Lang. Das ist richtig, einen Torus T^2.

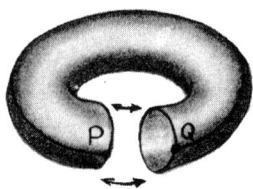

Jetzt sehen Sie, daß ich den Torus mittels eines zweidimensionalen Diagramms durch Identifizierungen und Translationen sowohl horizontal als auch vertikal beschreiben kann.

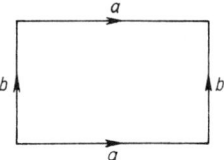

Diese Identifizierungen lassen sich in der ganzen Ebene vornehmen.

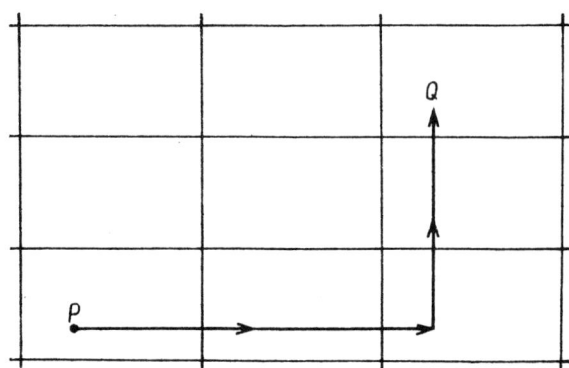

Wir werden sagen, zwei Punkte der Ebene seien äquivalent, wenn man horizontale und vertikale Translationen vornehmen kann, die den einen Punkt in den anderen überführen. Das ist jedoch eine von unserer Gummiäquivalenz verschiedene Art von Äquivalenz. Hier haben wir zusätzlich die Richtung und den Abstand.

Ich benötige jetzt diese beiden Begriffe, die vorher völlig unbeachtet geblieben waren. Ich muß also spezifizieren, welche Äquivalenz gemeint ist, und ich brauche zwei verschiedene Worte, um diese beiden Äquivalenzen zu bezeichnen. Es ist eine gewisse Terminologie zu fixieren, wie ich es gleich systematischer tun werde.

Gut, ich habe gerade einen Torus bekommen, das heißt eine Fläche mit einem Loch, indem gewisse Identifizierungen vorgenommen wurden. Wenn ich eine Fläche mit mehreren Löchern haben will, dann können Sie vermuten, was und wie zu identifizieren ist. Hier habe ich aus einem Rechteck einen Torus erhalten. Wenn ich eine Fläche mit, sagen wir, zwei Löchern wünsche, was für eine Art von Identifizierungen sollte ich dann vornehmen?

Dame. Man müßte eine andere Linie in der Mitte ziehen, oder so etwas ähnliches.

Serge Lang. Ja, Sie haben recht, man sollte mehrere Geraden ziehen, aber nicht ganz so, wie Sie gesagt haben. Ich will Ihnen zeigen, was zu tun ist. Statt vier Seiten benutze man ein Polygon mit acht Seiten.

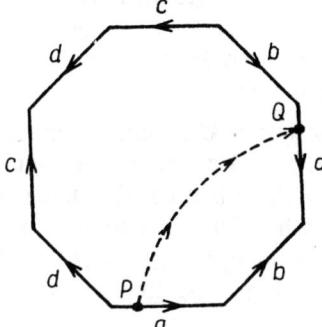

Und man nehme die Identifizierungen so vor, wie ich es gezeichnet habe. Zum Beispiel zeichne ich den Punkt P, identifiziert mit dem Punkt Q.

Und wenn ich eine Fläche mit drei Löchern haben will?

Zuhörerschaft. Dann benutze man ein Polygon mit zwölf Seiten.

Serge Lang. Richtig, acht für die Fläche mit zwei Löchern und zwölf für die Fläche mit drei Löchern. Und wenn ich eine Fläche mit n Löchern wünsche, dann brauche ich ...

Zuhörerschaft. $4n$.

Serge Lang. Das ist richtig; wir zeichnen es folgendermaßen:

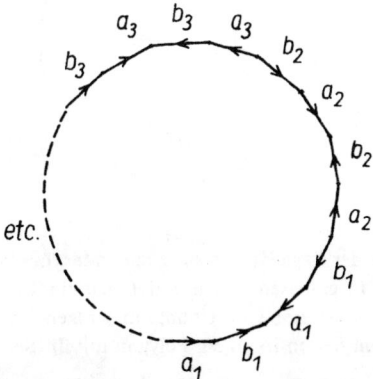

Auf diese Weise bekommen wir eine Darstellung einer Fläche mit mehreren Löchern.

Herr. Und wenn Sie ein Polygon mit sechs Seiten haben?

Serge Lang. Es wird nicht notwendigerweise eine Fläche von der Art ergeben, wie wir sie zuvor hatten. Es kann sonstetwas sein, eine nicht-orientierbare Fläche, heute will ich mich aber auf orientierbare Flächen beschränken.[8] Doch Ihre Frage zeigt, daß Sie verstanden haben, wovon ich spreche.

Sie sehen, der Torus T^2 kann als ein Quotient der Ebene mittels gewisser Identifizierungen erhalten werden, die ich mit einem Schrägstrich links hinschreibe:

$$T^2 \sim \text{Identif.}\backslash R^2.$$

Diese Identifizierungen waren Translationen.

Herr. Was bedeutet die 2?

Serge Lang. Sie bezeichnet die Dimension. Jene Zahlen, die ich als obere Indizes schreibe, sollen die Dimension anzeigen. Für keinen anderen Zweck habe ich Zahlen benutzt. Ich habe geschworen, keine Zahlen zu verwenden, doch hier ist es durchaus nützlich, die kleine 2 oben hinzuschreiben. Ich versprach, nur geometrische Dinge zu tun, aber die 2 bezeichnet die Dimension. Gestatten Sie dies?

Zuhörerschaft. Ja.

Serge Lang. Danke. Es ist nur, weil ich versprochen hatte, keine Zahlen zu verwenden. Aber diese 2 ist in Wahrheit keine Zahl. *[Gelächter.]*

Gut, ich habe also T^2 als Quotient von R^2 nach Translationen dargestellt. Und dies war euklidisch, bezüglich der Translationen. Wir wollen jetzt zu nichteuklidischen Bewegungen übergehen.

Ein Modell der nichteuklidischen Ebene ist die Kreisscheibe. Ich will sie H^2 nennen, H für hyperbolisch.

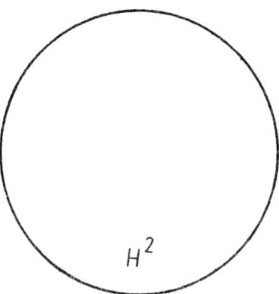

---

[8] Es hängt alles ab von der Lage der Seiten zueinander, die zu identifizieren sind, und von ihrer Orientierung. In gewissen Fällen ergibt sich ein Torus, in anderen eine nicht-orientierbare Fläche. Dies ist eine gute Übung: diejenigen Flächen zu studieren, welche durch Identifizierung von Seiten in einem Polygon mit $2n$ Seiten erhalten werden.

Wir benötigen nun den Begriff des hyperbolischen Abstands und den Begriff der „Geraden" bezüglich dieses Abstands. In einem Publikum wie dem heutigen muß es einige geben, die hierüber bereits Bescheid wissen. Wer weiß bereits, was ich meine?

Zuhörerschaft. ???

Serge Lang. Schön, dann werde ich Ihnen erzählen, was es bedeutet. Nach Definition ist eine hyperbolische Gerade ein Kreisbogen in H^2, der senkrecht auf dem Rand steht. Ich kann ihn wie folgt zeichnen. Hier sind einige hyperbolische Geraden.

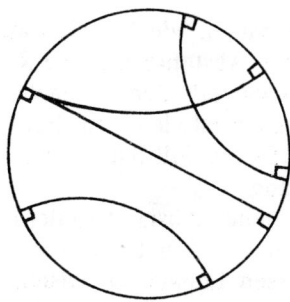

Manche schneiden einander, andere nicht. Orthogonalität bedeutet dasselbe wie im euklidischen Fall.

Wie Sie sehen, können durch einen gegebenen Punkt P unendlich viele Geraden verlaufen, die eine gegebene Gerade L nicht schneiden. Das kann im euklidischen Fall nicht geschehen.

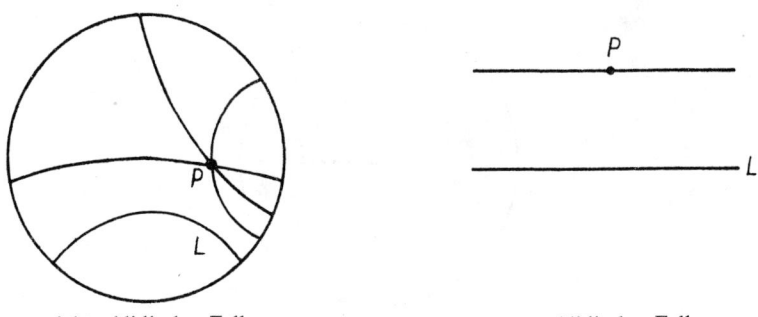

nichteuklidischer Fall   euklidischer Fall

In der euklidischen Geometrie gibt es zu einer gegebenen Geraden L und einem Punkt P genau eine Gerade durch P, die zu L parallel ist.

Ein Dreieck wird ebenso wie im euklidischen Fall definiert. Hier ist ein Beispiel für ein Dreieck, dessen Seiten Geradenabschnitte sind.

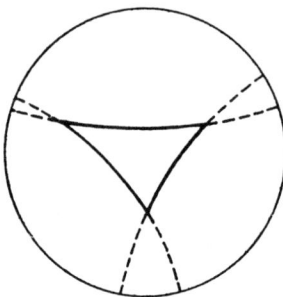

Jetzt, da wir gesehen haben, wie Geraden aussehen, wollen wir den Begriff des hyperbolischen Abstands und die Räume definieren, die wir unter diesem Gesichtspunkt erhalten. Danach werden wir den Zusammenhang mit Oktopussen herstellen und dreidimensionale Mannigfaltigkeiten klassifizieren. Enden will ich dann mit der Formulierung der Thurstonschen Vermutung.

Wir haben also einen neuen Abstand zu definieren, genannt hyperbolischer Abstand. Er wird von den Franzosen auch Poincaréscher Abstand und von den Russen Lobatschewskischer Abstand genannt. Ich nenne ihn hyperbolischer Abstand, so fühlt sich niemand benachteiligt. *[Gelächter.]*

Um diesen hyperbolischen Abstand vollständig zu beschreiben, benötige ich eigentlich einige Formeln, doch zu technische Dinge will ich nicht aufschreiben. Ich kann aber von der Wachstumsgeschwindigkeit des Abstands sprechen, wenn ich vom Mittelpunkt aus starte und mich auf den Rand zu bewege. Das bedeutet: wenn r der euklidische Abstand vom Mittelpunkt ist,

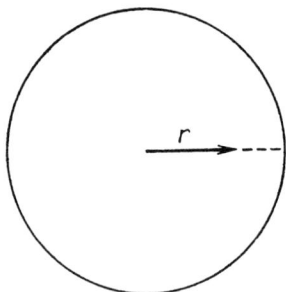

so kann die Wachstumsgeschwindigkeit des hyperbolischen Abstands längs eines Strahls durch einen sehr einfachen Ausdruck gegeben werden, nämlich

$$\frac{1}{1 - r^2}.$$

Hier habe ich angenommen, daß der Kreisradius gleich 1 ist. Wenn ich somit vom Mittelpunkt der Kreisscheibe aus starte und längs eines Strahls gegen den Rand gehe, wie verhält sich dann die Wachstumsgeschwindigkeit? Sie sehen, wenn r gegen 1 strebt, so geht auch r^2 gegen 1, und $1 - r^2$ ist sehr klein. Dann ist der Bruch sehr groß. Daher wird die Wachstumsgeschwindigkeit sehr groß, wenn ich in die Nähe des Randes komme, und der Abstand somit immer größer. Es existiert eine Formel, die den Abstand in Abhängigkeit von r mittels des Logarithmus angibt. Wer hat schon vom Logarithmus gehört?

[Mehrere Hände werden gehoben.]

Ah! Mehrere von Ihnen kennen ihn. Dann will ich die Formel nennen. Diejenigen, die nicht wissen, was der Logarithmus ist, brauchen nicht zuzuhören. Der hyperbolische Abstand längs eines Strahls ist

$$d = \frac{1}{2} \log \frac{1 + r}{1 - r}.$$

Der Abstand wird also immer größer, je näher wir dem Rand kommen.

Sie sehen, daß dies analog zu Einsteins Überlegungen ist und zu der Art, wie die Welt aufgebaut ist. Angenommen, wir starten im Mittelpunkt, und zwar so, daß wir uns möglichst weit gegen den Rand bewegen. Was geschieht, wenn wir in unserem eigenen Universum sehr weit weg gehen? Wir wissen, daß dann das euklidische Modell versagt; wir wissen, daß sich der Raum zu krümmen beginnt, etwa wie die hyperbolischen Geraden von eben. Aber wir beschleunigen. Angenommen, ein Lichtstrahl geht in dieselbe Richtung. Wenn ich seine Geschwindigkeit messe, erhalte ich 300 000 km/s. Nun nehmen wir an, ich gehe noch schneller. Wenn das Modell euklidisch wäre, dann sollte ich, wenn ich wieder messe, für die Lichtgeschwindigkeit einen kleineren Wert finden. Richtig? Die Antwort lautet „Nein", ganz und gar nicht! Ich finde immer denselben Wert. Wenn zwei Züge in derselben Richtung mit derselben Geschwindigkeit fahren, dann würden sie sich relativ zueinander nicht bewegen. Aber mit Licht funktioniert das nicht in derselben Weise. Licht breitet sich stets mit derselben Geschwindigkeit aus. Und der Grund dafür ist folgender: Wenn ich immer schneller laufe, werde ich kleiner und kleiner, aber meine Meßapparate werden dann auch kleiner, und wenn ich die Lichtgeschwindigkeit messe, so erhalte ich einen konstanten Wert.

In der hyperbolischen Ebene treffen wir auf ein analoges Phänomen. Hier habe ich längs eines Strahls Punkte jeweils im Abstand von 1 Einheit gezeichnet.

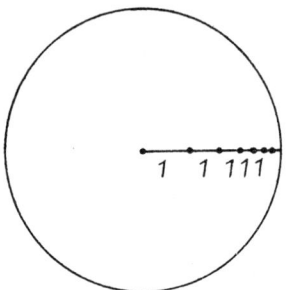

Wer sagt Ihnen denn, daß wir nicht innerhalb von so etwas leben? Je weiter wir gehen, desto weniger können wir wissen, was sich auf der anderen Seite ereignet – wenn es überhaupt Sinn hat, von einer „anderen Seite" zu sprechen.

Wir können aber noch die Frage stellen: in welcher Art von Universum leben wir? Der Mathematiker erschafft dann die Modelle, und der Physiker rechnet aus, welches jener Modelle auf die Welt paßt, in der wir leben. Es ist nicht klar, was mit „anderer Seite" gemeint sein soll. Wenn wir die hyperbolische Ebene in anderer Weise auffassen, nicht in den gewöhnlichen Raum eingebettet, sondern eigenständig, ganz für sich selbst, dann gibt es keine „andere Seite". Eine der möglichen Fragen ist die, ob unser Universum in ein anderes eingebettet ist. Aber dann könnten wir mit diesem anderen Universum keinen direkten Kontakt haben, und wir müßten seine Eigenschaften nur auf Grund seiner Wirkung auf unser eigenes Universum erschließen.

Schön und gut, lassen Sie uns zur Mathematik zurückkehren. Ich verfüge über dieses Modell und kann Identifizierungen vornehmen, gerade so wie im euklidischen Modell.

[Eine Hand wird gehoben.]

Serge Lang. Ja?

Herr. Sie haben den Abstand in bezug auf den Mittelpunkt definiert, aber kann man auch für zwei beliebige Punkte den Abstand definieren?

Serge Lang. Ja, natürlich, es würde aber viel technischer, und die Formeln wären viel komplizierter. Ich will es deshalb nicht tun. Um das aufzuschreiben, benötigte ich Hyperbelfunktionen.

Gut, ich will also Identifizierungen vornehmen. Ich brauche gewisse Typen von Bewegungen, die den hyperbolischen Abstand unverändert lassen. Wie vorhin kann ich Translationen definieren. Angenommen, eine hyperbolische Gerade ist gegeben. Sie gibt mir eine Richtung an, und ich habe den Begriff des hyperbolischen Abstandes. Dann nehme man irgendeinen Punkt *P*. Wo liegen seine Translationen in Richtung dieser Geraden? Längs welcher Kurve bewegt sich der Punkt *P*, in Richtung der Geraden?

Zuhörerschaft. ???

Serge Lang. Gut, *A* und *B* seien die beiden Endpunkte der hyperbolischen Geraden, wie hier in der Abbildung dargestellt. Die Translationen von *P* in Richtung der Geraden liegen dann auf dem Bogen *APB*.

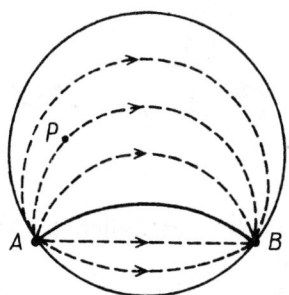

Ich kann in einer Richtung oder auch in der entgegengesetzten Richtung Translationen durchführen, Translationen iterieren usw. Translationen sind Beispiele von Bewegungen, die den Abstand erhalten. Es gibt noch andere. Kennen Sie welche?

Ein Gymnasiast. Drehungen, Spiegelungen.

Serge Lang. Genau. Und in der hyperbolischen Ebene sind Drehungen dieselben wie in der euklidischen Ebene. Was Spiegelungen betrifft, so zeichne ich gerade einen Punkt *P* und seinen Spiegelpunkt bezüglich einer Geraden.

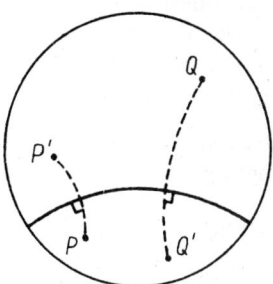

Ich kann auch ein Dreieck und sein Spiegelbild an derselben Geraden zeichnen.

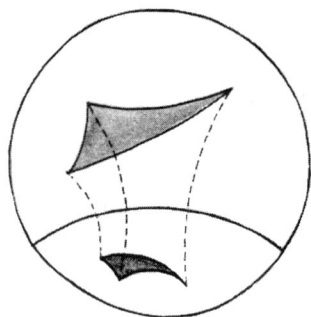

Der Spiegelpunkt eines Punktes bezüglich des Mittelpunkts ist derselbe wie im euklidischen Fall.

Dame. Dann hat die hyperbolische Ebene also einen Mittelpunkt?

Serge Lang. Nein, die hyperbolische Ebene für sich genommen besitzt keinen Mittelpunkt, aber unser Modell, das ich hierfür angegeben habe, besitzt einen. In der hyperbolischen Ebene ist die Situation überall dieselbe, wie dicht Sie auch am Rand bezüglich des euklidischen Abstands sind. Sind zwei Punkte P und Q gegeben, so existiert stets eine Translation, die P in Q überführt. Man sagt, daß die hyperbolische Ebene homogen ist. In ihr ist man immer vom Rand unendlich weit entfernt. Repräsentiere ich sie durch eine Kreisscheibe, dann wähle ich einen Mittelpunkt gerade so, als wenn ich für die euklidische Ebene einen Ursprung wähle.

Gut, lassen Sie uns zu Identifizierungen zurückkehren. Ich verfüge über Drehungen, Translationen und Spiegelungen und kann diese auch miteinander kombinieren, sie iterieren. Im allgemeinen liefern sie alle abstandstreuen Transformationen. Wie ich bereits sagte, werde ich sie der Kürze halber Bewegungen nennen.

Jetzt muß ich noch einen anderen Begriff definieren, den einer Gruppe von Bewegungen. Ich werde sagen:

Γ ist eine Gruppe von Bewegungen, wenn gilt:
1) liegen zwei Bewegungen M_1 und M_2 in Γ, so auch ihr Produkt $M_1 M_2$,
2) das Inverse einer Bewegung M aus Γ liegt auch in Γ.

Das Produkt $M_1 M_2$ ist diejenige Bewegung, welche, auf einen Punkt P angewendet, $M_1(M_2(P))$ ergibt. Das Inverse einer Bewegung, die P in Q überführt, ist die Bewegung, welche Q in P überführt. Damit haben wir jetzt den Begriff einer Bewegungsgruppe.

Ich benötige aber auch noch den Begriff einer diskreten Gruppe. Beginnen wir mit einem Beispiel in der gewöhnlichen Ebene, mit einer Translation. Man nehme einen Punkt P und unterwerfe ihn einer Translation.

$$P \qquad \tau(P) \qquad \tau^2(P) \qquad \tau^3(P)$$

Ein Schüler. Die Punkte sind alle verschieden.

Serge Lang. Ja, und was geschieht, wenn ich ein beschränktes Gebiet in der Ebene nehme?

Der Schüler. Die Punkte kommen schließlich aus dem Gebiet heraus.

Serge Lang. Das ist richtig. Dasselbe kann ich mit einer Gruppe tun. Ich will sagen, zwei Punkte P und Q seien bezüglich der Gruppe Γ äquivalent, wenn es eine Bewegung M in Γ mit

$$Q = M(P)$$

gibt. Das ist eine Äquivalenz. Und ich sage, daß Γ diskret ist, wenn zu einem gegebenen Punkt P unter allen möglichen Bewegungen $M(P)$ mit M in Γ nur endlich viele existieren, die in einem beschränkten Teil des Raumes liegen. Im wesentlichen läuft dies darauf hinaus, daß es in irgendeinem beschränkten Teil des Raumes, in irgendeinem beschränkten Gebiet, nur endlich viele Punkte gibt, die bezüglich Γ zu P äquivalent sind.

Um diese neue Äquivalenz von unserer Gummiäquivalenz zu unterscheiden, muß ich Γ explizit erwähnen; ich könnte das also der Kürze halber eine Γ-Äquivalenz nennen.

Jetzt sei vorausgesetzt, daß Γ diskret ist. Ich kann in obiger Weise Punkte bezüglich Γ identifizieren. Ich kann alle Punkte miteinander identifizieren, die zueinander Γ-äquivalent sind. Nach diesen Identifizierungen erhalte ich einen neuen Raum und bezeichne ihn mit

$$\Gamma \backslash H^2.$$

Dieser Raum wird wiederum zweidimensional sein.

Ich habe soeben in der Dimension 2 Identifizierungen vorgenommen. Natürlich sind Identifizierungen dieser Art auch in der Dimension 3 möglich. Was nehmen wir als Modell für einen dreidimensionalen hyperbolischen Raum?

Herr. Die Sphäre.

Serge Lang. Ja, das Innere der Sphäre, die Kugel. In der Dimension 3 haben wir H^3, die gewöhnliche Vollkugel, aber mit einem hyperbolischen Abstand, analog zum hyperbolischen Abstand in der Ebene. Wenn man sich auf den Rand zu bewegt, dann wird der Abstand immer größer.

Und im dreidimensionalen hyperbolischen Raum, wie sehen dort die Ebenen aus?

Herr. Sie sind Teile von Sphären?

Serge Lang. Das ist richtig.

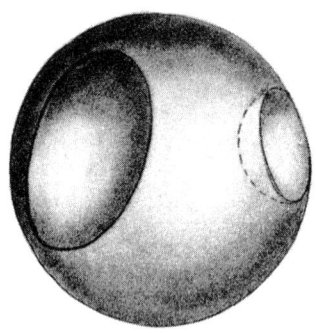

Und wir können auch Translationen, Spiegelungen usw. definieren.

Aber es gibt noch einen anderen Weg, um dreidimensionale Räume zu konstruieren, indem man nämlich etwas Eindimensionales und etwas Zweidimensionales benutzt. Ich habe vorhin bereits die Produktkonstruktion angewendet. Wer kann mir jetzt ein anderes Beispiel eines dreidimensionalen Raums geben, das wir benutzen könnten, wenn wir ein Produkt bilden wollen?

Der Schüler. Man nehme eine Gerade und eine hyperbolische Ebene.

Serge Lang. Ah! Sehr gut! Genau das ist es, was ich aus Ihnen herauslocken wollte. Wir bekommen also ein anderes Beispiel, indem wir das Produkt aus der hyperbolischen Ebene H^2 und der Geraden R bilden:

$$H^2 \times R.$$

Dieser Raum hat auf H^2 den hyperbolischen Abstand und auf R den gewöhnlichen Abstand.

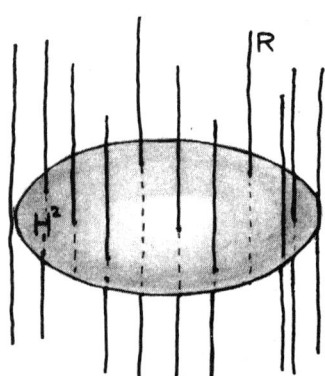

Wir verfügen nun über die fundamentalen Beispiele

$$H^3 \quad \text{und} \quad H^2 \times R.$$

Jetzt können wir den Zusammenhang mit der Gummigeometrie und der Gummiäquivalenz herstellen. Zunächst aber möchte ich an einen klassischen Satz über Flächen erinnern und will zu unserem Polygon zurückkehren, das wir jetzt in der hyperbolischen Ebene betrachten. Seine Seiten sind hyperbolische Geradenstücke, das Polygon ist jedoch zu dem Polygon äquivalent, dessen wir uns bereits bedient haben, um durch Identifizierung gewisser Polygonseiten Flächen zu konstruieren.

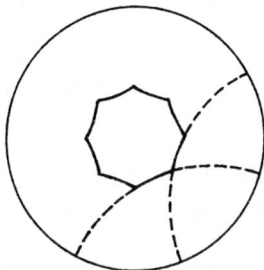

Dann kann die hyperbolische Ebene durch Translationen dieses Polygons überdeckt werden, so daß zwei durch Translationen aus dem Polygon hervorgehende Polygone entweder disjunkt sind, d.h. keinen Punkt gemein haben, oder sich nur längs einer gewissen Seite treffen.

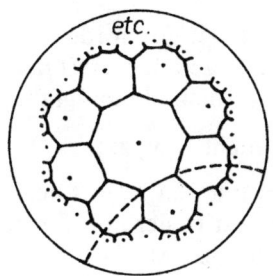

Es ist dasselbe, wie wenn man die euklidische Ebene mit Quadraten oder Rechtecken überdeckt, abgesehen davon, daß es keine Pflasterung der euklidischen Ebene mittels regulärer Achtecke gibt, während man die hyperbolische Ebene mit jedem regulären Polygon pflastern kann.

Identifizierung gewisser Seiten, wie wir es zuvor getan haben, läuft darauf hinaus, bezüglich einer Gruppe von Translationen Identifizierungen vorzunehmen. Und man erhält den Satz:

Satz. Es sei F eine kompakte orientierbare Fläche ohne Rand, die nicht zu der Sphäre oder zu dem Torus äquivalent ist. Dann existiert eine diskrete Gruppe Γ, so daß die Fläche F zu der hyperbolischen Ebene äquivalent ist, auf welcher wir Punkte bezüglich Γ identifiziert haben. Mit anderen Worten,

$$F \sim \Gamma \backslash H^2.$$

Nun, dieser Satz stammt noch aus dem 19.Jahrhundert, und niemand vor Thurston hat gedacht, daß es in der Dimension 3 etwas Ähnliches geben könne. Es war die große Entdeckung von Thurston, zu vermuten, daß es ein analoges Resultat geben sollte, und dies auch noch für gewisse Fälle zu beweisen. Zunächst will ich ein Ergebnis formulieren, das den ersten Teil des Vortrags über Gummigeometrie mit dem zweiten Teil über nichteuklidische Geometrie in Zusammenhang bringt.

Wir bezeichnen stets mit Γ eine diskrete Bewegungsgruppe, setzen aber zusätzlich voraus:

- Für jeden Punkt P soll die einzige Bewegung M in Γ mit $M(P) = P$ die Identität sein, d. h. diejenige Bewegung, welche keinen Punkt antastet.
- Und, um ehrlich zu bleiben, daß die Bewegungen in Γ die Orientierung erhalten.

Wir nehmen stets an, daß Γ diesen beiden Zusatzbedingungen genügt, selbst wenn ich es nicht ausdrücklich sage.[9]

Es sei Γ beispielsweise eine Bewegungsgruppe von H^3. Dann unterscheiden wir zwei Fälle.

Erster Fall. $\Gamma \backslash H^3$ ist kompakt.

Dann ist der Raum, den wir durch Identifizierungen bezüglich Γ bekommen, eine kompakte Mannigfaltigkeit der Dimension 3 ohne Rand. Dies ist eine Möglichkeit, solche Mannigfaltigkeiten zu bekommen.

Zweiter Fall. $\Gamma \backslash H^3$ ist nicht kompakt.

Hier müssen wir nicht nur den Begriff des Abstands verwenden, sondern auch den Volumenbegriff, der mit ihm zusammenhängt. Nach der Identifizierung bezüglich Γ ist es möglich, daß der Raum $\Gamma \backslash H^3$ endliches Volumen besitzt. Ich will immer voraussetzen, daß Γ eine Gruppe bezeichnet, für die das Volumen von $\Gamma \backslash H^3$ endlich ist.

Natürlich kann man dasselbe Phänomen in der Dimension 2 beobachten. Sie können ein Polygon nehmen, dessen Seiten gegen den Rand

---

[9] Das ist in der Tat für Translationen der Fall, und diese Bedingungen schließen die Möglichkeit aus, daß Γ Spiegelungen enthält.

laufen und das somit Ecken besitzt, die beliebig weit vom Zentrum entfernt sind, wie in der folgenden Abbildung.

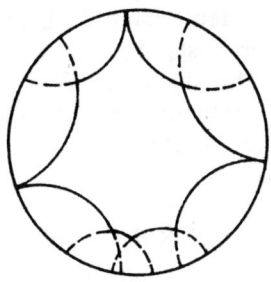

Sie können dann über eine Bewegungsgruppe Γ oder sogar eine Gruppe von Translationen verfügen, so daß jene Fläche, die Sie durch Identifizierungen bezüglich Γ gewinnen, Ecken besitzt, die nach Unendlich streben.

Dasselbe kann in der Dimension 3 geschehen, doch das ist sehr schwer zu zeichnen. Jene Teile, die sich ins Unendliche erstrecken, sind eine Art von Röhren.

Statt H^3 könnte ich auch $H^2 \times R$ nehmen und Gruppen Γ betrachten, so daß $\Gamma \backslash (H^2 \times R)$ kompakt oder nicht kompakt ist, aber endliches Volumen besitzt, und zwar mit Röhren, die sich ins Unendliche erstrecken. Wie sehen diese Röhren aus?

Satz. Es sei Γ wie oben eine diskrete Gruppe von Bewegungen von H^3 oder von $H^2 \times R$, und man nehme die Identifizierungen bezüglich Γ vor. Angenommen, der Raum, den man erhält, hat ein endliches Volumen. Dann ist dieser Raum entweder kompakt, oder er ist ein Oktopus. Ferner ist $\Gamma \backslash H^3$ ein irreduzibler Oktopus.

In diesem Satz ist stillschweigend vorausgesetzt, daß meine Gruppe Γ den oben aufgestellten Zusatzbedingungen genügt, zum Beispiel, daß das Volumen von $\Gamma \backslash H^3$ oder $\Gamma \backslash (H^2 \times R)$ endlich ist.

Eine Dame. Zusätzlich zu der Tatsache, daß Γ diskret ist?

Serge Lang. Ja, zusätzlich. Es ist eine Zusatzhypothese, die ich zu machen habe. Nach den Identifizierungen muß ich voraussetzen, daß das Volumen endlich ist.

Es gibt auch eine Umkehrung, die bereits gewisse Vorstellungen von der Klassifikation der Oktopusse vermittelt.

Satz. Jeder irreduzible Oktopus ist zu einem Raum vom Typ

$$\Gamma \backslash H^3 \quad \text{oder} \quad \Gamma \backslash (H^2 \times R)$$

äquivalent.

Und so kehre ich zu den Oktopussen zurück! Es ist ganz außerordentlich. Wir sind von einem völlig anderen Ausgangspunkt gekommen, haben in einer Geometrie mit Abständen Identifizierungen vorgenommen, haben Bewegungen betrachtet, die Abstände bewahren, und was finden wir? Kompakte Mannigfaltigkeiten und Oktopusse! Dies ist der Zusammenhang zwischen dem ersten Teil, unserer Gummigeometrie, und dem zweiten Teil, der Abstandsgeometrie.

Wir kommen jetzt zur Thurstonschen Vermutung. Soeben lernten wir zwei Beispiele kennen, H^3 und $H^2 \times R$, die Räume mit Abständen sind. Ich habe von einer wohldefinierten und kurzen Liste von Räumen gesprochen. Sie besteht aus:

$$R^3, \ S^3, \ S^2 \times R, \ H^3, \ H^2 \times R,$$

das sind fünf Stück, und drei weiteren, die ich nicht niederschreibe, weil das zu kompliziert werden würde. Es gibt also insgesamt acht. Wir wollen einen dieser Räume mit X bezeichnen.

Dann kann die Thurstonsche Vermutung folgendermaßen formuliert werden.

Vermutung. Es sei V eine dreidimensionale Mannigfaltigkeit, die kompakt, ohne Rand und stets orientierbar ist, um die Dinge nicht zu sehr zu komplizieren. Angenommen, V ist bezüglich der Summe längs Sphären irreduzibel. Dann ist V zu einem der folgenden Fälle äquivalent.

– Es gibt ein einziges X unter den acht und eine Gruppe Γ, so daß $\Gamma \backslash X$ kompakt und $V \sim \Gamma \backslash X$ ist.

– V ist eine endliche Summe von Oktopussen, und jeder Oktopus ist zu einem gewissen $\Gamma \backslash X$ mit $X = H^3$ oder $X = H^2 \times R$ äquivalent.

Außerdem gibt es im zweiten Falle eine Art Eindeutigkeit. Mehr oder weniger bedeutet dies folgendes: Wenn wir V als eine minimale Summe von Oktopussen schreiben, dann sind die Ausdrücke $\Gamma \backslash X$, die in dieser Summe auftreten, bis auf eine passende Äquivalenz im wesentlichen eindeutig bestimmt. Doch es würde zu technisch werden, dies zu präzisieren und exakt zu definieren, was unter „im wesentlichen" zu verstehen ist. Man hätte neue Äquivalenzen zu definieren, und es ist jetzt nicht die Zeit, dies zu tun.

Sie sehen also, um Oktopusse zu bekommen, benötigen Sie nur H^3 oder $H^2 \times R$. Das ist der Satz, den Thurston zu beweisen versucht und den er zu einem großen Maß auch bewiesen hat.[10]

Herr. Was hat es mit der Poincaréschen Vermutung auf sich?

Serge Lang. S^3 steht in der Liste, und Γ ist in diesem Fall die Identität. Die Poincarésche Vermutung steht also isoliert an einem Ende der Liste, und daran kann man nichts ändern.

---

[10] W. P. Thurston: Three dimensional manifolds, Kleinian groups, and hyperbolic geometry. *Bull. Amer. Math. Soc.* **6** (1982) 3. 357–381.

Dame. Ich habe etwas den Überblick verloren. Was ist der Unterschied zwischen R^3 und S^3?

Serge Lang. R^3 ist nicht kompakt, es ist der gewöhnliche euklidische Raum um uns herum. Aber S^3 ist wie die Sphäre kompakt, während sich R^3 ins Unendliche erstreckt.

[Eine Hand wird gehoben.]

Serge Lang. Ja?

Dame. Können Sie die Definition von „diskret" wiederholen?

Serge Lang. „Diskret" bedeutet, daß sich, wenn P irgendein Punkt ist und man auf P alle möglichen Bewegungen aus Γ anwendet, d.h., wenn man alle Punkte $M(P)$ mit M aus Γ betrachtet, in jedem beschränkten Teil des Raumes nur endlich viele solche Punkte befinden.

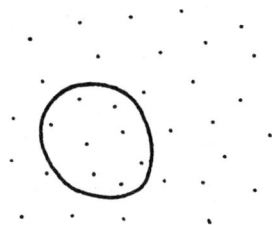

Das bedeutet, daß Γ diskret ist. Plus die Zusatzhypothesen, die ich gemacht habe.

Ein Gymnasiast. Und wenn Sie eine Gruppe nehmen, die nicht diskret ist, was bekommen Sie da?

Serge Lang. Etwas Scheußliches, es ist widerlich. *[Gelächter.]* Nein, das ist komplizierter, es ist keine Fläche. Wenn die Gruppe nicht diskret ist, müssen Sie zunächst verlangen, daß sie abgeschlossen ist, um etwas zu erhalten, das halbwegs anständig ist. Wenn Sie jedoch abgeschlossen ist, dann geht die Dimension herunter. Ist aber die Gruppe diskret, so gibt es eine Menge Raum zwischen zwei Punkten, die von Ihnen identifiziert werden, und die Dimension bleibt bei der Identifizierung der Punkte dieselbe. Wenn die Gruppe nicht diskret ist, dann kann sie Ihnen etwas Schreckliches liefern – nun, nicht notwendig etwas Schreckliches, aber die Dimension geht herunter. Gut, Sie können selbst in Büchern nachschauen, was passiert.

Herr. Vor einer Weile haben Sie Mannigfaltigkeiten unter Benutzung einer hyperbolischen Geometrie definiert, also mit dem Begriff des hyperbolischen Abstands. Geschah dies nur zur Veranschaulichung? Oder hängt die Thurstonsche Theorie von dem Begriff der Umgebung, offenen und abgeschlossenen Mengen ab, was allgemeinere Begriffe als der des hyperbolischen Abstands sind?

Serge Lang. Wenn Sie von Umgebungen sprechen, arbeiten Sie genau mit einem Typ von Geometrie, für den es keine Abstände gibt. Ich habe eine Liste von acht Geometrien aufgestellt:

R^3, S^3 und $S^2 \times R$ mit dem gewöhnlichen Abstand;

$H^2 \times R$ mit dem hyperbolischen Abstand auf H^2 und dem gewöhnlichen Abstand auf R;

H^3 mit dem hyperbolischen Abstand;

und drei andere Fälle, die kompliziertere Abstände aufweisen, die nicht hyperbolisch genannt werden können.[11]

Der Herr. Dann sind die topologischen Eigenschaften der Oktopusse eng mit diesen Abständen verknüpft, während sie a priori von ihnen unabhängig sein sollten?

Serge Lang. Das ist eine ausgezeichnete Bemerkung. Thurstons Entdeckung bestand gerade darin, den Zusammenhang zwischen den beiden Typen von Begriffen herzustellen. Das verleiht dieser Theorie ihren besonderen Reiz.

Der Gymnasiast. Ja, aber Sie sollten dann die diskreten Gruppen der hyperbolischen Ebene klassifizieren, anderenfalls funktioniert es nicht.

Serge Lang. *[Lachend und sehr vergnügt.]* Er hat absolut recht. Wie ist Ihr Name?

Der Gymnasiast. Paul.

Serge Lang. In der Tat. Was haben wir hier getan? Wir haben etwas, das wir nicht kannten, auf etwas zurückgeführt, das wir kennen – oder das wir nicht kennen.

Nun, in der Geschichte der Mathematik zeigt sich, daß uns in gewissen Fällen diskrete Gruppen ziemlich gut bekannt sind, in anderen Fällen aber nicht. Man weiß eine Menge Sachen über sie, viele bleiben aber ganz mysteriös. Doch zahlreiche Leute haben auf diesem Gebiet

---

[11] Für Mathematiker füge ich hier die Beschreibung dieser drei Geometrien an. Eine von ihnen ist $\widetilde{PSL_2(R)}$, wo ~ den universellen Überlagerungsraum bedeutet. Die letzten beiden sind Matrizengruppen. Eine von ihnen besteht aus den Matrizen

$$\begin{pmatrix} 1 & a & b \\ 0 & 1 & c \\ 0 & 0 & 1 \end{pmatrix},$$

was die Heisenberggruppe ist. Die andere besteht aus den Matrizen

$$\begin{pmatrix} a & 1 & b \\ 0 & a^{-1} & c \\ 0 & 0 & 1 \end{pmatrix}$$

mit reellem und positivem a.

Die zugrundeliegenden Räume dieser beiden sind zu R^3 äquivalent, die Abstände sind jedoch von gewöhnlichen euklidischen Abständen verschieden.

gearbeitet, im neunzehnten und im zwanzigsten Jahrhundert. Während der letzten dreißig Jahre ist hinsichtlich dieser Gruppen ein großer Fortschritt zu verzeichnen; einige kennen wir sehr gut. Analog kennt man manche dreidimensionalen Mannigfaltigkeiten sehr gut und andere überhaupt nicht. So ist meine Antwort folgende: Durch Reduktion des Studiums von Mannigfaltigkeiten auf Quotienten von Abstandsgeometrien mittels diskreter Gruppen gewinnt man den Eindruck, einen gewaltigen Schritt vorwärts zu machen. Meine Antwort ist also relativ.

Sie sehen, in der Mathematik kann es geschehen, daß zwei Dinge existieren, von denen wir nichts wissen, von denen wir aber beweisen, daß das eine zu dem anderen äquivalent ist. Dies bedeutet nicht, daß kein Fortschritt gemacht worden ist. Die Probleme sind halbiert worden. *[Gelächter.]* Aber das beschreibt nicht genau, was sich hier ereignet hat. Man wußte in gewisser Weise etwas von dreidimensionalen Mannigfaltigkeiten. Man wußte von diskreten Gruppen in anderer Weise etwas. In gewissem Sinne war beides komplementär. Indem Thurston dies zusammengefügt hat, trug er dazu bei, beides zu verstehen.

Dies bedeutet nicht, daß ich persönlich die Klassifikation der diskreten Gruppe kenne. Es ist nicht meine Seite der Mathematik. Ich könnte es lernen, aber ich beschäftige mich mit etwas anderem. Ich kenne einige Beispiele und könnte Ihnen, wenn Sie es wollen, mehrere angeben. Doch ich kenne sie zum größten Teil nicht gut. Darüber muß man sich nicht ärgern; es ist nicht schlimm, sie nicht zu kennen. Es gibt in der Mathematik eine Menge von Dingen. Wenn man etwas braucht, kann man immer einen Freund bitten, es einem zu erklären. Gerade so, wie ich Walter Neumann gebeten habe, mir Thurstons Theorie zu erklären.

Herr. Gehen wir um eine Dimension zurück. Durch Identifizierung erhält man aus einem Quadrat einen Torus. Aber wie steht es mit der Sphäre?

Serge Lang. S^2 tritt etwas zur Seite, Sie können sie nicht aus etwas anderem durch Identifizierung gewinnen. Jedenfalls nicht auf dem Weg, wie ich ihn hier beschrieben habe. Analog dazu steht S^3 abseits. Die Poincarésche Vermutung erfordert gerade den Beweis, daß eine kompakte dreidimensionale Mannigfaltigkeit ohne Rand und ohne Löcher zu S^3 äquivalent ist. Diese Vermutung bleibt ganz allein auf einer Seite der Theorie. Jene Schwierigkeiten, die im Zusammenhang mit S^3 auftreten, sind von denen im Zusammenhang mit den Oktopussen verschieden. Die Poincarésche Vermutung ist irreduzibel.

Herr. Und in niederen Dimensionen, für S^2?

Serge Lang. Für S^2 kein Problem. Seit dem 19. Jahrhundert kennt man die Antwort, daß eine zweidimensionale Fläche ohne Löcher und ohne Rand, die orientierbar ist, zu S^2 äquivalent ist.

Herr. Und kann man sie aus einer Darstellung der Ebene gewinnen?

Serge Lang. Nein ... was für eine Art von Darstellung?

Herr. Mit der Kreisscheibe H^2.

Serge Lang. Und mit welchen diskreten Gruppen? Nein. Es gibt einen Satz, der „Nein" sagt. Wenn Sie die Kreisscheibe mit der Poincaré-Lobatschewskischen Geometrie sowie eine diskrete Bewegungsgruppe haben und Identifizierungen vornehmen, dann werden Sie niemals etwas zu S^2 Äquivalentes finden. Dies ist ein Satz. Sind Sie Mathematiker?

Herr. Nein.

Serge Lang. Es ist immerhin klar. Ein Mathematiker hätte die Antwort gekannt. *[Gelächter.]* Oh nein, nein! Keine Spötterei, die Frage war sehr passend, es ist ganz bemerkenswert, wie gut Sie reagieren.

Dame. Aber Poincaré hat zwei solche Geometrien beschrieben, scheint mir.

Serge Lang. Gut, wir kommen jetzt zu der Frage des Herrn von vorhin zurück. Er hat gesagt, man könne denselben Raum mit vielen Abständen versehen. Es gibt nicht nur den von mir in der hyperbolischen Ebene genannten Abstand, für den die Wachstumsgeschwindigkeit des Abstands gleich $1/(1 - r^2)$ ist, sondern noch viele andere Möglichkeiten, Abstände zu definieren. Es gibt unendlich viele solche Möglichkeiten. Die Untersuchung derartiger Abstände heißt Differentialgeometrie. Dabei geht es darum, alle möglichen Arten von Abständen zu definieren, gewisse Äquivalenzen einzuführen und die Abstände bis auf solche Äquivalenzen zu klassifizieren. Aber dazu wäre ein ganzer Kurs in Differentialgeometrie erforderlich. Sie haben recht, der Gegenstand ist nach vielen Richtungen hin weit offen.

Dame. Aber konkret, gibt es keine Realisierung ...

Serge Lang. Ah, konkret. Aber was der eine für konkret hält, wird ein anderer als abstrakt empfinden. Das ist abhängig von Ihrem Gehirn, von dem, was Sie kennen, von Ihrem mathematischen Talent, von Ihrer Intelligenz, Ihrem Geschmack und Ihren Gefühlen. Das ist ganz relativ. Es gibt keine absolute Festlegung, was konkret und was abstrakt ist. Beispielsweise könnte alles, was Sie gestern oder heute vielleicht als zu abstrakt empfunden haben, morgen konkret für Sie werden.

Wenn ich genug Oktopusse zeichne, werden sie Ihnen sehr konkret erscheinen. Teilweise ist das eine Frage der Gewohnheit. Es hängt von den Umständen ab, und deshalb gibt es keine absolute Antwort. Natürlich könnte ein Mathematiker etwas tun, das andere nicht verstehen. Die psychologische Reaktion der anderen könnte dann darin bestehen, es als zu abstrakt zu finden. Sie würden dies dann auch äußern und nicht sagen: „Ich verstehe es nicht".

Dame. Es hat keine Realität.

Serge Lang. „Realität" wo?

Dame. Physikalisch.

Serge Lang. Oh! Die Welt der Physik ist viel ausgedehnter als Sie denken. Erstens wissen Sie, daß die drei räumlichen Dimensionen plus die Zeitdimension bereits vier Dimensionen ergeben. Und wenn Sie sehr weit gehen, was finden Sie? Finden Sie Oktopusse oder vierdimensionale Dinge? Das könnte bereits physikalische Realität haben. Wo hören Sie aber mit Ihrer physikalischen Realität auf? In welcher Art von Raum leben wir? Ist er gekrümmt? Ist er ein Oktopus? Ist er etwas wie H^3 oder die Vollkugel mit einer anderen Metrik? Es ist das Geschäft des Physikers, herauszufinden, welcher Raum und welche Art von Metrik vorliegen. Dem Physiker obliegt es, zwischen verschiedenen Modellen zu wählen, die von Mathematikern entdeckt worden sind, oder neue zu konstruieren, die besser passen könnten. Gewöhnlich wird angenommen, daß unser Raum homogen ist. Vielleicht ist dies nicht der Fall.

Man nehme einen Punkt, der im Raum wandert. Außer seinen räumlichen Koordinaten gibt es eine Zeitkoordinate, aber auch noch Geschwindigkeit, Beschleunigung, Krümmung, die mir andere Parameter liefern, andere Zahlen, andere Dimensionen. Man nehme ein Elektron, das sich im Raum bewegt. Zur selben Zeit dreht es sich, es torkelt. Daraus ergeben sich weitere Dimensionen. Es ist kompliziert, ein Modell für das Elektron zu entwickeln oder überhaupt zu wissen, ob der Begriff des Elektrons sinnvoll ist. Um solche Dinge zu beschreiben, die torkeln, Elementarteilchen, brauchen Sie andere Modelle, die beispielsweise auch aus der Differentialgeometrie kommen können. Physik hört nicht an irgendeiner speziellen Stelle auf. Es ist nicht nur die Physik der Zeichnungen, die ich hier auf der Wandtafel anfertigen kann. Für andere physikalische Erscheinungen benötige ich vielleicht andere Modelle, die Ihnen heute als zu abstrakt erscheinen mögen.

Dame. Ja, natürlich *[und sie macht eine Geste, die zeigt, daß sie verstanden hat, daß diejenigen mathematischen Modelle, die sich in der Physik anwenden lassen, von irgendeiner Theorie herrühren können, ungeachtet dessen, wie abstrakt oder fortgeschritten sie sein mag].*

Serge Lang. Ein guter Physiker ist also jemand, der keine Angst vor komplizierten Modellen hat, der kein Feigling ist, der seine Modelle dort sucht, wo es dem Ingenieur zu abstrakt ist. Es geht ihm nur darum, ein gutes Modell zu finden, und dann wird er Erfolg haben. Er wird vor allem deshalb in die Geschichte der Naturwissenschaften eingehen, weil er sich von den intellektuellen Schranken befreit hat und genau das konkretisierte, was anderen zu abstrakt war. Mit anderen Worten, es gibt keine Grenzen. Die einzigen Grenzen für jedes Individuum sind die seines eigenen Gehirns, seines eigenen Temperaments, seines eigenen Geschmacks ...

[Serge Lang hält hier inne und faßt sich an die Brust.]

Uff! *[Lachend]* Was für ein Marathon!

[Herzlicher Beifall. Nach dreieinhalb Stunden sind noch etwa 100 Leute anwesend.]

Nun gut, ich muß Lebewohl sagen. Das hier geschieht nicht jeden Tag, es ist einmalig, dreieinhalb Stunden mit solch einer Zuhörerschaft. Das ist einmalig. Ich schätze es wirklich sehr. Es war mir ein Vergnügen.

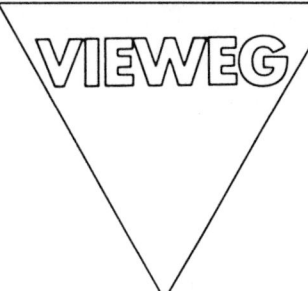

Konrad Jacobs

Resultate

Ideen und Entwicklungen
in der Mathematik.

Band 1
Proben mathematischen Denkens
1987. XII, 207 Seiten mit zahlreichen Ab-
bildungen. Kartoniert.

Band 2
Der Aufbau der Mathematik
1990. X, 265 Seiten. Kartoniert.

Das zweibändige Werk ist aus Vorlesungen hervorgegangen, die der Verfasser an der Universität Erlangen-Nürnberg unter dem Titel „Mathematik für Philosophen" gehalten hat. Die Mathematik als ein geistiges Unternehmen von sich ständig steigernder Ideenfülle und Forschungsvielfalt wird hier als Ganzes ins Visier genommen. Unter Verzicht auf beweistechnische Umständlichkeit und Beschränkung auf eine passende Themenauswahl wird dem Leser die Möglichkeit geboten, sich auf Abiturniveau (manchmal etwas darüber) bis zu einem gewissen Grade mathematikkundig zu machen. Allgemeinbildung in Sachen Mathematik zu vermitteln, dient a) die Vorführung bedeutender Konstruktions- und Beweisideen am typischen Beispiel, b) die Herausarbeitung allgemeiner Leitlinien, c) die Einführung historisch-biographischer, die moderne Entwicklungsdynamik der Mathematik betonender Exkurse und vor allem d) ein sorgfältig gewähltes Abbildungsmaterial.

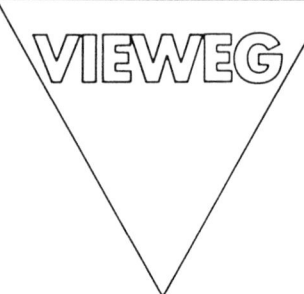

Elwyn R. Berlekamp, John H. Conway
und Richard K. Guy

Gewinnen.
Strategien
für mathematische Spiele

Band 1: Von der Pike auf

Im ersten Band wird „von der Pike auf" die allgemeine
Theorie von Spielen entwickelt, die dem Nim-Spiel
verwandt sind.

*„Ein Kultbuch für verspielte Mathematiker, die ihre
Phantasie in kein starres System pressen wollen und
die Mathematik auch mit den Augen betreiben."*
Monatshefte für Mathematik

*„(. . .) Auch in der deutschen Fassung ist dieses Buch der drei prominenten Autoren
voller Witz und durchsetzt mit hintergründigen Wortspielen. Anhand zahlreicher deter-
ministischer Spiele, (. . .) wie z. B. „Nim" wird der Leser „unversehens" in die Grund-
lagen der Spieltheorie eingefürt. Dies geschieht teilweise so geschickt, daß der Leser
den Eindruck haben wird, er selbst entdecke gerade die Prinzipien der Spieltheorie.
Ganz spielerisch geht es natürlich nicht zu – gelegentlich muß man sehr genau mitdenken. Trotzdem (oder deswegen?) ein höchst vergnügliches Lese-Spiel mit
sicherem Gewinn für den Leser."* Internationale Mathematische Nachrichten

Band 2: Bäumchen-wechsle-dich

Im zweiten Bank „Bäumchen-wechsle-dich" geht es vorwiegend um verschiedene
Formen zusammengesetzter Spiele.

Band 3: Fallstudien

Der dritte Band „Fallstudien" bietet eine Fülle von speziellen Beispielen („Fallstudien").

Band 4: Solitairspiele

Der vierte Band „Solitairspiele" behandelt Ein-Personen-Spiele mit Ausnahme von
Schach, Go etc. Ein Hauptteil ist dem gerühmten „Game of Life" gewidmet.

*„(. . .) Die Spiele-Welt selbst läßt sich kaum kurz und angemessen beschreiben – dazu
gehört das Spiel-Erleben. Ich kann nur empfehlen: Lesen und Mitspielen! Aber, lassen
Sie sich vorher noch warnen: Wenn Sie dieses faszinierende Werk studieren, werden
Sie eine Zeit lang nur noch sehr wenig (freie) Zeit haben!"* Praxis der Mathematik